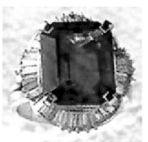

彩图1　红宝石和蓝宝石

彩图2　翡　翠

彩图3　猫　眼

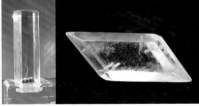

彩图4　星　光

彩图5　翡　翠

彩图6　宝石矿物的形态

彩图7　宝石矿物双晶

彩图8 钻石的八面体解理

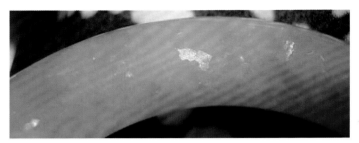

彩图9 翡翠中的翠性

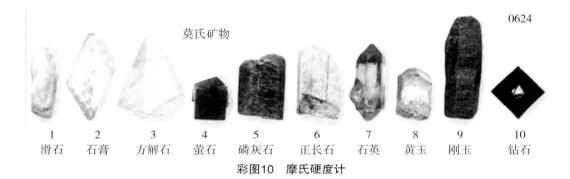

莫氏矿物

0624

1	2	3	4	5	6	7	8	9	10
滑石	石膏	方解石	萤石	磷灰石	正长石	石英	黄玉	刚玉	钻石

彩图10 摩氏硬度计

彩图11 自然光谱

彩图14 特殊光学效应

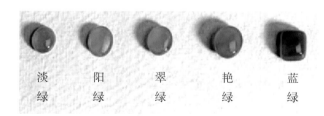

淡绿　阳绿　翠绿　艳绿　蓝绿

彩图12 饱和度

彩图13 透明度

彩图15 金绿宝石猫眼

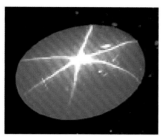

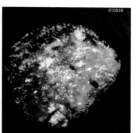

彩图16　星光效应　　　　　　　　　　　　彩图17　变彩效应

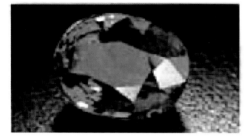

彩图18　变石的变色效应

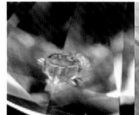
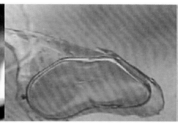

彩图19　宝石内部的固相、液相和气相物质

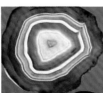

彩图20　六边形生长纹　彩图21　色　带　彩图22　钻石的晶面蚀象　彩图23　刻面棱重影

彩图24　马尾丝状　　　彩图25　八面体晶体包体　　　彩图26　睡莲叶状包体

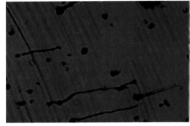
彩图27　弯曲生长纹

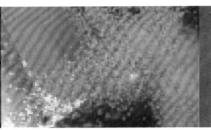
彩图28　气　泡

彩图29　钉状包体

彩图30　颜色分布　　　　　　　　　彩图31　火成岩

彩图32　沉积岩

彩图33　变质岩

彩图34　花岗伟晶岩中的海蓝宝石

彩图35　哥伦比亚祖母绿矿床

彩图36　次生砂矿的宝石

彩图37　山东昌乐玄武岩型蓝宝石

彩图38　云南祖母绿

彩图39　钻　石

彩图40　钻石的晶形

彩图41　钻石的吸收光谱

彩图42　红宝石和蓝宝石

彩图43　红宝石板状晶体

彩图44　蓝宝石桶状晶体

彩图45　红宝石的典型光谱

彩图46　蓝宝石的典型光谱

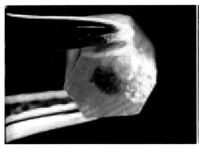

彩图47　红宝石色带

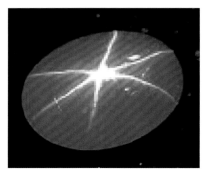 

彩图48　星光宝石

彩图49　合成星光和天然星光的星线特征的比较

彩图50　热处理前后的颜色变化特征

彩图51　祖母绿和海蓝宝石

彩图52　绿柱石晶体形态

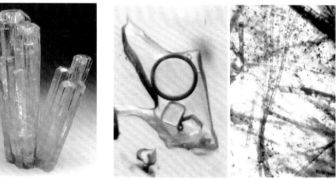

彩图53　祖母绿的内含物

彩图54　祖母绿吸收光谱

彩图55　海蓝宝石

彩图56　金绿宝石三连晶

彩图57　变石典型的吸收光谱

彩图58　金绿宝石的吸收光谱

彩图59　变色效应（红色）

彩图60　变色效应（绿色）

彩图61　水晶晶簇

彩图62　紫晶白菜

彩图63　黄水晶

彩图64　发　晶

彩图65　玛　瑙

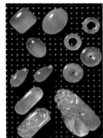

彩图66　绿玉髓和蓝玉髓

彩图67　木变石和虎睛石

彩图68　树化玉木

彩图69　石榴石

彩图70　石榴石手链

彩图71　铁铝榴石吸收光谱

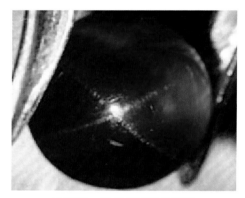

彩图72　铁铝榴石四射星光

彩图73　钒铬钙铝榴

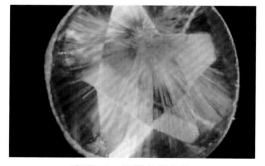

彩图74　马尾丝状包体

彩图75　碧玺

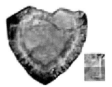

a.绿色电气石定向　　b.多色电气石（台面∥C轴）　　c.西瓜电气石（台面⊥C轴）　　d.电气石猫眼定向

彩图76　碧玺的晶体

彩图77　碧玺的颜色品种

彩图78　"黑王子红宝石"

彩图79　红色尖晶石吸收光谱

彩图80　橄榄石

彩图81　橄榄石的晶体

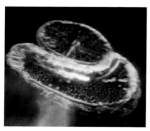

彩图82 橄榄石的睡莲叶状包裹体

彩图83 托帕石

彩图84 各种颜色的托帕石

彩图85 辐照处理的蓝色托帕石

彩图86 锆石的纸蚀现象

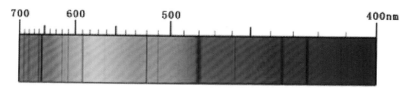

彩图87 锆石的吸收光谱

彩图88 主要的长石品种

彩图89 月光石"蜈蚣"状包裹体

彩图90 日光石

彩图91 天河石

彩图92 欧 泊

彩图93 变彩效应

彩图94 黑欧泊

彩图95 白欧泊

彩图96 火欧泊

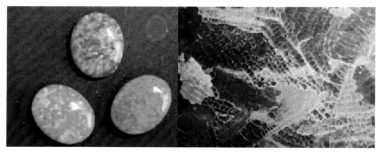

彩图97　合成欧泊　　　　　彩图98　蜥蜴皮构造

彩图99　美　玉

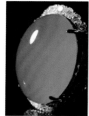

彩图100　翡翠的绿　　　　　彩图101　翡翠的造型

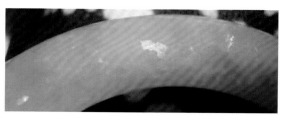

彩图102　翡翠的结构　　　　彩图103　翡翠的翠性

彩图104　翡翠的吸收光谱

彩图105　翡翠的透明度

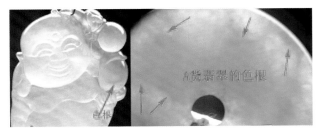

彩图106　翡翠的色根

彩图107　翡翠的石花

左面经漂色后,底色变白右面未经漂色的翡翠,底色带黄

彩图108　B货翡翠

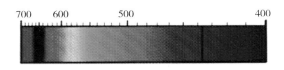

彩图109　C货翡翠的吸收光谱

彩图110　C货翡翠的颜色

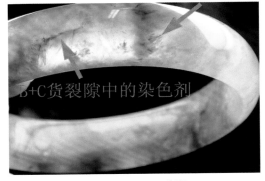

彩图111　B+C翡翠

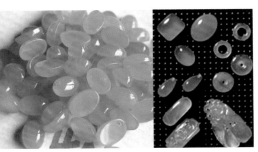

彩图112　澳 玉

彩图113　马来玉　　　　　　　　　　　　　　彩图114　岫　玉

彩图115　钠长石　　　　　　　　　　　　　　彩图116　水钙铝榴石

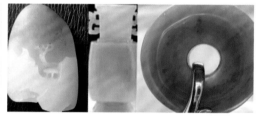

彩图117　软　玉　　　　　　　　　　　　　　彩图118　软玉的颜色

彩图119　软玉的仔玉　　　　彩图120　白　玉　　　　　彩图121　软玉手镯

彩图122　岫　玉　　　　　　　　　　　　　　彩图123　岫玉手镯

彩图124　绿松石首饰

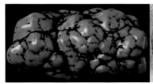

彩图125　绿松石

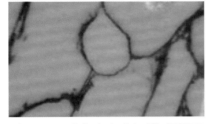

彩图126　吉尔森法"合成"绿松石

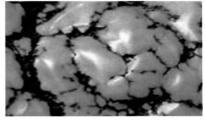

彩图127　带铁线的天然绿松石

彩图128　独山玉

彩图129　各种颜色的独山玉

彩图130　孔雀石

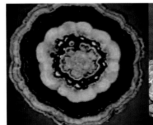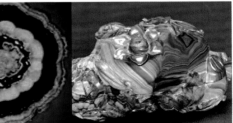

彩图131　孔雀石的结晶习性

彩图132 孔雀石的外观特征

彩图133 青孔雀石

彩图134 青金石

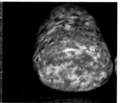

彩图135 黄铁矿斑点

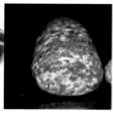

彩图136 青金石品种

彩图137 珍 珠

彩图138 珍 珠

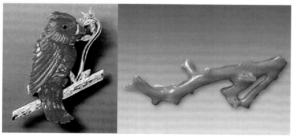
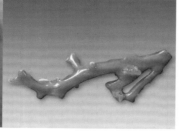
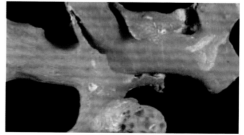

彩图139 红珊瑚

彩图140 珊瑚的平行条带及孔洞

可能是公园前一世纪的由罗马不列颠人制成

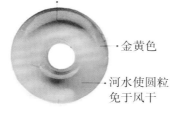

· 金黄色

河水使圆粒
免于风干

在河流淤泥中发现的罗马式圆粒

彩图141　琥　珀

彩图142　琥珀的外形

彩图143　动物包体和气泡

内含神经纤维的浅凹槽

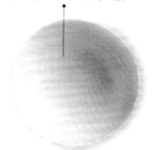

象牙杯

往下朝这只杯子里面看，可见
象牙独有的十字形弯曲图案。

彩图145　象牙的结构

琥珀饰物

这种中国式
的耳环被加
工成熊猫形
状。表面的
裂缝因脱水
所致。

彩图144　老化琥珀

彩图146 龟 甲

彩图147 煤 精

彩图148 热处理蓝宝石

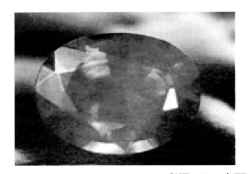

彩图149 表面扩散处理蓝宝石

彩图150 激光钻孔处理

珠宝专业

中等职业学校教材

ZHUBAO ZHUANYE ZHONGDENG ZHIYE XUEXIAO JIAOCAI

BAOYUSHIXUE JICHU

宝玉石学基础

赵晋祥　主　编

李　飞　副主编

施加辛　审　稿

云南出版集团公司

云南科技出版社

·昆明·

图书在版编目（CIP）数据

宝玉石学基础 / 赵晋祥主编. –– 昆明 :云南科技
出版社, 2012.2（2019.7重印）
云南省珠宝专业职业教育教材
ISBN 978-7-5416-5747-4

Ⅰ.①宝… Ⅱ.①赵… Ⅲ.①宝石 – 职业教育 – 教材
②玉石 – 职业教育 – 教材 Ⅳ.①P578

中国版本图书馆CIP数据核字（2012）第014233号

责任编辑： 唐坤红
　　　　　　李凌雁
封面设计： 晓　晴
责任校对： 叶水金
责任印刷： 翟　苑
特约编辑： 洪丽春

云南出版集团公司
云南科技出版社出版发行
（昆明市环城西路609号云南新闻出版大楼　邮政编码：650034）
云南灵彩印务包装有限公司印刷　全国新华书店经销
开本：787mm×1092mm　1/16　印张：16.25　字数：380千字
2012年2月第1版　　2019年7月第4次印刷
定价：58.00元

云南省珠宝中等职业学校专业教材
编 委 会

专家委员会：（以姓氏笔画为序）

邓　昆　刘　涛　肖永福　张化忠　张代明　张竹邦

张位及　张家志　李贞昆　汤意平　吴云海　吴锡贵

杨德立　施加辛　胡鹤麟　戴铸明

执行主编：张代明

编委会主任：姚　勇

编委会副主任：袁文武　杨　旭

主任委员：（以姓氏笔画为序）

寸德宏　毛一波　白宝生　白　恒　李春萍　杨自新

赵宙辉　段炳龙　侯炳生　蒋　荣

参编人员：（以姓氏笔画为序）

李　飞　李　意　宋文昌　余少波　余世标　张应周

祁建明　谷清道　段　俊　赵敬文　曾亚斌

序

　　云南科技出版社牵头组织了云南省珠宝玉石界的专家学者，与云南省大中专院校珠宝专业的教师们一起，结合云南珠宝产业，计划编写一套适合大中专珠宝职业教育的系列教材，有三十多本，包括了珠宝鉴定、首饰设计、首饰制作、珠宝首饰营销、玉雕工艺等各个方面。

　　云南是我国珠宝资源相对丰富的地域，发现有红宝石、祖母绿、碧玺、海蓝宝石、黄龙玉等宝石矿产，又毗邻缅甸接近世界最大的翡翠、红宝石的矿产资源，不可不谓之得天独厚。改革开放以来，云南也成为我国珠宝产业高速发展的省份。近年云南省又提出发展石产业，把以宝玉石、观赏石、建筑石材料为主的石产业打造成继烟草、旅游、生物等产业之后的又一支柱产业和优势特色产业。

　　产业的发展需要大量的人才，尤其珠宝产业的各个领域和层次都需要懂得珠宝知识、具有珠宝文化、掌握专业技术的专业人才，目前，我国的珠宝行业还比较缺乏这样的人才。这套教材的编写出版，为云南培养适用性珠宝专业人才提供了必要的条件，才能缩小在这方面与国内外的差距。

　　由于经常到云南作学术交流、教学和科研合作，与云南大专院校的教师接触多，与云南的珠宝企业也接触较多，再加自己也长期从事珠宝专业教学，了解珠宝产业对适用型人才的渴求，故对这套教材的出版也抱有很大期望，期望这套教材图文并茂、易学易懂、针对性好、适用性强，成为培养珠宝鉴定营销师、首饰设计加工工艺师、玉雕工艺师等专业人才的系统教材，达到适应云南珠宝产业发展的初衷。

　　在这样一个历史的大背景下，看到这套教材的出版，作为一个从事珠宝教育与研究的工作者甚感欣慰。

　　　　　　　　　　中国地质大学（武汉）珠宝学院前院长
　　　　　　　　　　博士研究生导师

前　言

　　珠宝业是近十几年发展起来的新兴行业之一,为了适应社会经济发展的需要,在云南科技出版社的组织协调下, 紧密围绕培养宝石专业应用型人才这一中心任务, 编写了《宝玉石学基础》教材。本着以实用为目的, 强化实践为重点的原则, 教材强调了宝玉石学内容的针对性和应用性;注重了内容与体系的衔接, 以及方法和手段的应用,密切结合了国内外珠宝业对宝石专业学生的技能要求进行编写。

　　本书是编者集多年宝玉石学教学经验,并结合各出版社出版的宝石学基础教材内容编写而成。书中全面系统介绍了有关宝玉石学的基础知识和基础理论, 深入分析了宝玉石学的发展态势, 结合国内外珠宝界在鉴定和研究中的最新资料。重点对常见宝玉石的化学成分、结晶学特征、宝石学性质与特征、宝石的产地与产状进行了介绍。

　　全书分为十一章。绪论部分阐述了珠宝玉石的分类和定名原则,宝石学基础部分分别介绍了结晶学、矿物学、宝石光学等相关的基础理论和知识,宝石各论部分论述了名贵宝石、常见宝石、玉石和有机宝石的基本性质与特征、宝石合成、优化处理方法, 以及宝石的产地与产状。教材简要论述了宝石的合成和优化处理方法, 以及宝石加工技术,使学生全面掌握宝石学的基础知识和基础理论, 为后续宝石的系统检测及质量综合评价奠定坚实的基础。本书内容丰富, 实用性强, 可供宝石专业师生、培训班学员学习使用,也适合于广大珠宝爱好者学习参考。

　　本书由云南旅游职业学院赵晋祥主编, 昆明旅游学校李飞任副主编。具体分工如下:云南旅游职业学院赵晋祥执笔第一章、第六章和第九章;云南旅游职业学院刘诗中执笔第二章;云南旅游职业学院张皙执笔第三章;云南旅游职业学院张波执笔第四章, 云南旅游职业学院尹琼执笔第五章和第十一章;云南旅游职业学院姜彬霖第十章;昆明旅游学校李飞执笔第七章和第八章。全书由赵晋祥进行统编和定稿。

　　教材编写过程中, 得到云南旅游职业学院国土资源系黄绍勇老师和云南科技出版社领导大力协助, 许多同行提出了宝贵的意见;书中引用了大量前人工作成果和现行相关教材的有关内容, 对此, 编者深表谢意。鉴于编者水平有限, 成书时间仓促, 书中难免错误和不妥之处, 希望广大读者批评指正。

目　录

第一章 绪 论

第一节 宝玉石的基本概念

宝石在我国也称珠宝，意是指珍珠和宝石。珠宝实际上包括珍珠、宝石和玉石等，因而行业中又将其称为珠宝玉石，或简称宝玉石。早在北京周口店山顶洞人的遗址中已发现了用砾石和动物的牙齿串成的项饰，这可能就是人类最早的宝玉石制品，究其内涵，已初步具备了作为宝玉石的几个基本条件。随着人类的进步，对宝石的认识不断深入和提高，宝石应具备的基本特征已进一步明确为美丽、稀少、耐久等特点。

一、宝石的定义

一般来讲，珠宝市场或行业对珠宝有三种不同的理解：第一种将珠宝理解为天然产出的、具美观、耐久及稀少特性、有工艺价值、可加工成精美饰品的天然物质。按这种理解，珠宝实际上是指天然的宝玉石。第二种将珠宝理解为具有美观、耐久及稀少特性，有工艺价值，可加工成装饰品的任何物质。这种理解与前一种的不同之处在于它将合成和人造的宝玉石也包括在珠宝之内。第三种将珠宝理解为由宝玉石与贵金属加工而成的装饰物。它与前两种理解的不同之处是将珠宝首饰归于珠宝之内，也就是把宝玉石与贵金属加工成的所有饰物均理解成珠宝。

上述三种理解均有其合理性，适合于不同场合、不同层次。从珠宝鉴赏的角度出发，本书以第一种为主，同时考虑第二、三种理解，即将珠宝理解为具有美观、耐久及稀有特性，有工艺价值，可加工成装饰品的物质，包括天然的和人造的，也包括与此相关的贵金属及由它们制作而成的首饰。

宝石：是具有瑰丽、稀有且耐久等特点而适用于琢磨、雕刻成首饰和工艺品的无机材料（矿物和岩石）和有机材料。也就是宝石是由无机物和有机物两大类组成，如无机物中钻石、红宝石、蓝宝石、祖母绿、金绿宝石（变石、猫眼）等；也有少数是天然单矿物集合体，如玛瑙、欧泊。还有少数几种有机质材料，如琥珀、珍珠、珊瑚、煤精和象牙。绝大多数无机物宝石自然界产出矿物的单晶体，约有百余种。

二、玉石的定义

"玉"在中国古代文献中是指一切温润而有光泽的美石，其内涵较宽，东汉时期对玉叙述是，玉石之美兼有五德者。所谓五德，即具坚韧的质地，晶润的光泽，绚丽的色彩，致密透明的组织，舒畅致远的声音的美石，被认为是玉。我国是生产玉器历史最悠久、经验最丰富、延续时间最长的国家。据考古发掘的材料表明，我国早在距今7000多年前的新石器时代就已经利用天然玉料制作精细的工具和装饰品。后来，采用的玉料逐渐精选，雕琢的技术不断提高，制作的工艺日趋完美，其传统绵延不绝，一脉相传直至今日。在世界各国人的心目中，玉器和中国的关系就像瓷器、茶叶与中国的关系一样密切。所以，古往今来，玉器以其独特的玉质美和艺术美而受人欣赏、领略、回味，甚至如痴如醉的玩赏、追求和为之奋斗。

玉，有广、狭之分。狭义的玉，是专指硬玉（翡翠）和软玉（和田玉）。其余另将有工艺美术用途的岩石，称为彩石类。

广义的玉：由自然界产出的、颜色艳丽、光泽滋润、质地细腻、坚韧且可琢磨、雕刻成首饰或工艺品的多晶质或非晶质的天然矿物集合体或岩石。如翡翠、软玉、玛瑙、独山玉、绿松石、岫玉以及寿山石、青田石、鸡血石等。中国古代最著名的玉石是新疆和田玉，它和河南独山玉，辽宁的岫玉和湖北的绿松石，称为中国的四大玉石。

三、宝玉石必须具备的条件

天然宝石玉石必须具备以下条件：美丽、耐久和稀少

1. 美　丽

是宝玉石必须具备的首要条件，要求宝玉石颜色艳丽、纯正、匀净、透明无瑕、光彩夺目，如红宝石、蓝宝石、祖母绿都有纯正而鲜艳的色彩，它们都是由于颜色艳丽、纯正、匀净、透明无瑕、光彩夺目而成为名贵宝石。

图1-1　红宝石和蓝宝石（彩图1）

美丽由颜色（艳丽、纯正、均匀）、透明度、光泽和特殊光学效应等组成。

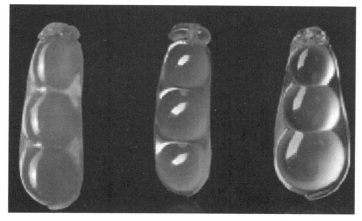

图1-2 翡 翠（彩图2）

图1-3 猫 眼（彩图3）

图1-4 星 光（彩图4）

2. 稀 少

物以稀为贵，这一名言在宝玉石上得到了最大体现，越是稀罕的宝玉石越名贵。如钻石之所以昂贵是因为稀少，而水晶、橄榄石、玛瑙等宝石在自然中存在的数量和品种太多，价值太低。如欧洲首次发现紫晶，个头虽小，但色彩艳丽新颖，颇受人们喜爱，因其数量稀少，当时被视为珍贵之物，但当南美发现优质大型紫晶矿后，紫晶价格猛跌，从此不再享有珍贵之名。稀少包括了品种上稀少和数量、储量上的稀少，如钻石、高档祖母绿和高档翡翠等几乎已相当难见。稀少决定宝石的价值。

3. 耐 久

宝玉石不仅色彩艳丽非凡，还需具有永葆艳姿美色的耐久特性，即宝玉石必需坚硬耐磨，化学稳定性高。质地坚硬，经久耐用是宝石的特色，绝大多数的宝玉石能够抵抗磨擦和化学侵蚀，永保鲜艳美色。具有一定硬度、韧性和抗磨蚀性等，宝玉石硬度（H）一般都大于7。硬度为4的玻璃不能成为宝石。

同时宝玉石必须是无害的，一般是很小，便于携带。

第二节　宝玉石的分类和命名

按照宝玉石的定义和要求，目前世界上能被用作宝玉石的材料有二百多种。由于这些宝玉石具有明显的商品性，贵贱悬殊，有无机与有机、单晶体与集合体等之分，再者，宝石与玉石工艺性质又各具特色，所以从任何角度都难以提出一个统一的、全面的、实用的分类方案。

一、宝玉石的分类

（一）宝玉石按其成因类型

分为天然珠宝玉石和人工宝石。

1. 天然宝玉石

按成因和组成分为：

（1）天然宝石：自然界产出单晶体的矿物，如钻石、红宝石、蓝宝石、水晶。

（2）天然玉石：矿物的集合体（岩石），如翡翠、软玉、岫玉、绿松石等。

（3）有机宝石：由生物成因的固体，是古代或现代，由活着的有机生命活动所产生的符合宝石工艺要求材料，如珍珠、珊瑚、象牙、琥珀等。养殖珍珠也属此类。

2. 人工宝石

人工宝石是完全或部分由人工生产或制造用作首饰及装饰品的材料，分为：

（1）合成宝石：完全或部分由人工制造且自然界有已知对应物的晶质或非晶质体，其物理性质、化学成分和晶体结构与所对应的天然珠宝玉石基本相同。例：合成红宝石、合成祖母绿、合成钻石 。

（2）人造宝石：由人工制造且自然界无已知对应物的晶质或非晶质体称为人造宝石。如玻璃、塑料、人造钇铝榴石、合成立方氧化锆等。人造钇铝榴石、人造钛酸锶，迄今为止自然界中还未发现此种矿物。

（3）拼合宝石：由两块或两块以上材料经人工拼合而成，且给人以整体印象的珠宝玉石称拼合宝石，简称"拼合石"。如拼合欧泊、蓝宝石与合成蓝宝石拼合石等。

（4）再造宝石：通过人工手段将天然珠宝玉石的碎块或碎屑熔接或压结成具整体外观的珠宝玉石，常见的有再造琥珀、再造绿松石等。

（二）按宝玉石价值分类

高档宝石——钻石、红宝石、蓝宝石、祖母绿、猫眼、翡翠等

中档宝石——海蓝宝石、碧玺、尖晶石等。

低档宝石——水晶、红色石榴石、玛瑙、东陵石等。

二、宝玉石的命名

天然宝玉石是大自然的产物，是具有宝石价值的矿物（宝石）、岩石（玉石）和生物宝石。按照我国96颁布的国家标准来统一命名宝石的名称，这是十分必要的，因为在此之前，宝石的名称是比较混乱的，如黄色的黄水晶，黄色的黄玉。

我国现采用的宝石命名原则也是吸取国际上的标准，且又结合我国某些特殊宝石，玉石的传统命名而定的其总的原则是：

（一）天然宝玉石的命名

1. 宝石的名称应与矿物名称基本一致

如果一个矿物只有一个宝石品种，这种宝石就用其矿物名称。如橄榄石、锆石。

2. 如果有两个以上的宝石变种就用历史流传下来商业名称

商业名称：钻石、翡翠、碧玺、红宝石、托帕石、欧泊。历史流传下来的以产地命名：澳玉、和田玉、岫玉、独山玉、坦桑石。

3. 颜色直接命名

红宝石、祖母绿、海蓝宝石、紫晶。

不确切的商业名称不能使用，如俄罗斯钻（CZ）、美国钻（YAG）、瑞士钻（钛酸锶）、奥地利钻（人造玻璃）

在命名过程中，凡以矿物和岩石名称命名的天然宝石可以省略天然两个字，除天然玻璃外。

（1）不允许使用矿物名称或宝石名称描述颜色特点。如红宝石颜色尖晶石。

（2）不允许将两种完全不同的宝石的名称组合在一起使用。如托帕石黄水晶或黄水晶托帕石。

（3）不允许在宝石名称前后缀加产地名称、国家名称或其他宝石名称

（4）允许使用其矿物名称代替商业名称。如黄玉与托帕石；翡翠与硬玉。

4. 具有光学效应的宝石的命名

（1）猫眼效应：必须用它的矿物名称来描述，加"猫眼"后缀，如石英猫眼。而金绿宝石猫眼可直接称为猫眼石。

（2）星光效应：必须用它的矿物名称来描述，前缀加上星光，如星光红宝石。

（二）人工宝石的命名

人工宝石：部分或全部由人工方法制造出的产品。包括合成宝石、人造宝石和拼合宝石。凡是人工宝石的命名必须加上人造或合成两个字。合成红宝石、人造立方氧化锆。

仿制品指宝石、合成宝石、人造产品的仿造制品，它模仿天然宝石的颜色、特殊光子效应及外观，而不具它们的物理化学属性或结构。这类仿制宝石常用的材料主要是塑料、玻璃和仿钻的无机材料，如立方氧化锆、钛酸锶、钇铝榴石等。凡属仿造宝石均应

标明"人造"两字或真实的材料名称。

（三）人工优化宝玉石的命名

天然宝石在自然形成过程中，或多或少存在某些缺陷，如颜色不够鲜艳、偏深、偏浅或偏暗；无色宝石中有明显暗色包体等等。珠宝界根据每种宝石存在的问题，在不破坏原有宝石结构下，采用物理化学方法对其进行改善。

1. 以下常用处理方法必须注明

（1）颜色经染色或辐射改变的，如C货翡翠、马来玉、托帕石辐射改色。
（2）颜色由化学或其他致色扩散造成的，如扩散处理蓝宝石。
（3）用玻璃、矿物质或其他物质充填裂隙或裂纹的改造，如玻璃充填红宝石、祖母绿。

2. 以下常用处理方法可以不必注明

（1）用无色物质，如油、蜡或其他无色物质注入改造宝石，如祖母绿、玉。
（2）经加热处理后宝石性质不改变，如琥珀、刚玉。
（3）经热处理的永久性颜色不可转变的玛瑙。
（4）经漂白的珊瑚、珍珠和象牙。

三、宝石的价值

宝石之所以深受人们喜爱，是因为它在人们生活中特有的地位和作用。它是大自然赐予人类珍贵的礼物。人们对珠宝充满着迷信，并与财富、地位、权力联系在一起。

其历史已经有5000年以上，它与人类历史发展密切相关，宝石被视为真、善、美的化身。在数千年的历史长河中，珠宝主要作为权力、富贵和吉祥的象征，流行于各国王宫贵族之间，如英国，俄罗斯，日本等国家的王公贵族们，对珠宝情有独钟，"库里南"一号钻石被作为生日贡品送给英国国王爱德华七世。

我国是最早使用玉石的国家，历代王朝的君主都视玉石为圣洁之物，如皇帝用来祭天的玉璧、封官玉佩以及皇后贵妃们用的手镯、戒指、项链等。清朝宫廷对珠宝的崇尚更甚，在推行等级森严的九品官制时，采用不同的顶子来区别官位的高低。一品官的顶珠为红宝石、二品官为红珊瑚、三品官为蓝宝石、四品官为青金岩、五品官为水晶等。

宝玉石在经济贸易和商业销售中，是一种具有商品和艺术双重特性的特殊商品；其艺术性表现在它的色、光、形等方面，商品性则表现在它的值、神、义等方面。也就是说宝玉石不仅能表现出生产劳动的商品销售价值，而且也能表现思想意识艳的宗教神秘色彩，同时还表现出美好祝愿的浓重纪念意义。此外宝玉石还能表现出权力、地位和富有等传世价值。

随着社会经济发展，宝石与黄金的消费已成为衡量一个国家的经济实力、文化发展水平的标准，归纳起来有以下几个方面的作用：

1. 宝玉石的商品价值

宝石作为一种商品，当然就有了商品价值。因为它是由人类对其找矿开采，加工等劳动价值和其美丽、稀少的特殊价值实现的。宝石的这种商品价值对国家的国民经济是有影响的。如泰国宝石的出口可占国家出口总额的第二位。哥伦比亚仅祖母绿出口，就为该国提供外汇收入的一半。

2. 宝玉石的货币价值

由于宝石尤其是稀少，贵重宝石的资源越来越少、（优质宝石也越来越少），所以这种宝石的价格不断上涨，居高不下，导致宝石作为硬通货币的趋势逐渐明显，即和黄金一样作为货币流通的媒介。许多国家都把钻石或高档宝石列为国家银行资产。我国也把常林钻石或其他高档艺术玉雕品纳入国库货币储存。

3. 宝玉石的艺术价值

宝石的美是集于人类智慧和科技的结晶，是人们对美的艺术的追究的结果。比如钻石的58个刻面的艺术设计和琢磨，是人类经过几代人的不断研究实践才使得钻石的高折射，高色散等特点及大限度地展示而焕发出无与伦比的光芒。

宝玉石在古代常作为"御鬼魔、敬鬼神"、消灾避邪及防病治病的护身符。作为使自己"走好运、获吉祥、得幸福"的祭品。在全球的华人普遍相信玉能避邪，许多年轻人佩戴玉佩以求保佑自己万事如意；年长的女性手戴翡翠玉镯以避免摔倒时碰伤手臂。此外不同的宗教视宝石为圣洁之物。如佛教中，藏传佛教认为宝石有神之宝和人之灵之功能，专用蓝宝石、绿松石、青金岩、珊瑚等。基督教使用珍珠、玛瑙。

图1-5 翡 翠（彩图5）

第三节 宝玉石学的发展简史

宝玉石学基本性质是以矿物学、结晶学、晶体光学、岩石学、矿床学、地球化学等学科为基础，实验性强，在一定的理论基础上，有较强的实践经验积累，商贸性强，宝玉石学发展与宝石在市场上经营、贸易繁荣密切相关，具有双重性，既有严密的科学性，又有评价的不确定性，具文化性，内含历史、地域、民族和习俗。

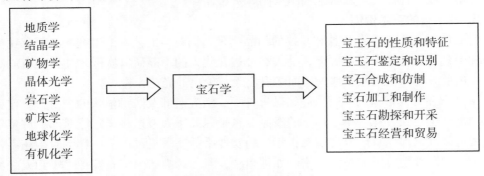

图1-6 宝石学学科结构

一、宝玉石学研究内容

宝玉石学是研究宝石的学科，它是矿物岩石学的一个分支，发展成为一门独立综合学科。其研究内容：研究宝玉石矿产的形成，为宝玉石矿床成矿预测，寻找新的宝玉石资源提供科学依据；研究宝石的分类特征、物理化学性质，为宝石分类、鉴定、加工提供确定性的数据；研究宝石鉴定方法，确立宝石鉴定标准；研究人工合成宝石方法和工艺流程，满足不同层次的市场需求；开发新的宝石资源、新的宝石鉴定方法以及宝石检测仪器设备。

研究方法：肉眼、经验观察法；仪器科学测试法；市场调查比较法；实验室测试研究法。

二、宝玉石学的发展简史

宝玉石学是研究宝石、玉石材料及加工的科学。宝玉石材料及其加工的科学。最早它是作为矿物学在宝石领域的应用而发展起来的，现在它集宝石鉴定、宝石评价、宝石材料学（合成和优化处理）、宝石加工、宝石勘探开采以及宝石经营等内容为一体，形成了一门独立的综合学科。

我国对宝石的开发利用已有5000年以上的历史了。但宝石学作为一门独立的学科进行研究，最早起源于英国。1908年英国首先创立了宝石协会，从事宝石理论和实践的研究，并在1913年组织了世界上第一次的宝石学考试。1931年美国成立了珠宝学院，1934

年德国、1965年日本、澳大利亚等国分别成立了各自的宝石协会，并成立了相应的宝石培训中心。这些协会组织学术交流和人才培训，对宝石学的发展起到了很大的推动作用。

在20世纪的后几十年中，宝玉石学处在其发展过程中的一个重大转折时期。世界范围的富裕对优质宝石产生了史无前例的要求，宝石产区矿源的逐渐枯竭和种种政治纠葛，又造成了宝石材料供应上的制约，从而大大地提高了宝石的价格。寻找新的宝石资源已迫在眉睫。宝石实验室硕果累累，人工技术不仅制造出了各种非常理想的合成宝石，甚至创造出了自然界中不存在的各种新材料，像钇铝榴石、立方氧化锆等作为一些天然宝石的理想仿制品。对于天然宝石的改色、稳定化处理等宝石优化技术已成为宝石学界研究的热门课题。

改革开放30年来，我国宝玉石学发展很快，已开发了钻石、红宝石、蓝宝石、海蓝宝石、石榴子石和橄榄石等宝石矿产基地，并进一步加强了对宝石的地质普查工作。合成红宝石和蓝宝石、合成立方氧化锆等人造宝石已大量投放市场，合成祖母绿、合成钻石也已获得成功，并开始投放市场。宝石鉴定、宝石优化和宝石加工技术都有了很大的提高。我国珠宝首饰行业从小到大，不断发展，具有发展面广、速度快、起点高的特点。从业人员、市场规模、销售金额等诸多方面都发生了翻天覆地的变化。据不完全统计，目前全国珠宝首饰零售企业已超过2万家，从业人员由3万人增加到80万人，黄金首饰的销售由0.7吨增加到250吨以上，全国珠宝首饰销售额由9908万元，猛增到2000年的860亿元，出口额由1695万美元增加到2000年的26亿美元。珠宝首饰产品已成为我国国民经济中不可忽视的重要商品之一。

我国珠宝教育起步很晚，至20世纪70年代，世界掀起"宝石热"之时，恰逢我国经济体制进入改革时期，市场经济的逐渐繁荣，带动着珠宝事业的日趋兴旺。面对国内珠宝教育一片空白的现状及珠宝业呼唤专业人才的历史机遇，如何为我国尽快地培养珠宝专业人才已严峻地摆在教育工作者的面前。"引进智力，高起点办学"，1988年由中国地质大学（武汉）珠宝研究所率先与世界上宝石学权威机构的英国宝石协会签订了国际珠宝鉴定师证书课程（FCA）的联合办学协议，同年中国地质大学（武汉）、桂林冶金工学院等开始招收宝石学方向本专科生。1991年中国地质大学（武汉）珠宝学院在武汉成立，标志着我国珠宝教育进入一个新阶段。由于宝石学是新生学科，国内大学专业名录中没有宝石学科，各地高等院校均挂靠在如地质学、材料学、商贸管理学专业下进行宝石方向的招生。通过近十年的努力，国家教委2000年正式批准中国地质大学（武汉）珠宝学院试办宝石及材料工艺学专业，使得宝石学正式列入了我国高等教育的行列。

第二章　宝石的结晶学特征

第一节　晶体的基本特征

宝石狭义概念是指自然界中色泽艳丽、透明无瑕、硬度大、化学性稳定、具有一定粒度的单矿物晶体。说到晶体，大家自然想到透明、晶莹、规则的外形。如水晶、石盐、冰糖等。由于大多数宝石都是由单晶体或多晶体组成的，因而要学习宝玉石就必须对晶体的特性有一定的了解。

一、晶体与非晶体

在古代，无论中外，都把具有几何多面体形态的水晶称为晶体。后来，这一名辞推广开，凡是天然具有（非人工琢磨而成）几何多面体形态的固体——晶体。

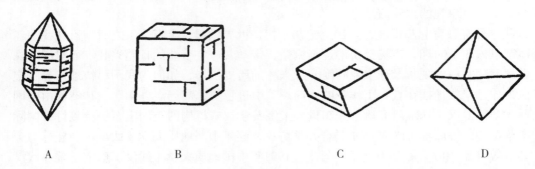

A	B	C	D

图2-1　晶体的几何多面体形态

A.石英　　　B.石盐　　　C.方解石　　　D.尖晶石

晶体一词源于古希腊，即"冰"之意。中国古代也有"千年之冰，化为水晶"之说，可见古代和中世纪的人们认为冰及水晶都是由水凝结而成的。

自然界中，矿物有3300多种，绝大多数是以固态的形式出现。固态矿物按其内部结构的不同又可分为晶质体（晶体）和非晶质体（非晶体）两种，但又以晶体分布最为广泛。

晶体指的是由结晶质构成的物体，它的内部由原子或离子有规律地在三维空间呈周期性重复排列的固体。因此，晶体是具有格子构造的固体。每种晶体矿物都有自己的特征，其外部表现为规则的几何外形。

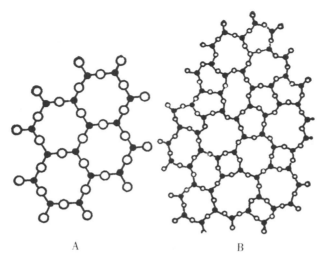

图2-2　Be_2O_3晶体（A）与非晶体（B）的内部质点排列情况

如水晶常具柱锥状、石榴石具有四角三八面体或菱形十二面体的几何多面体外形。

图2-3　水晶柱状体、石榴石具有四角三八面体

从晶体的定义可知，晶体是内部质点排列有序的固体，内部质点种类不同，它们在空间排列形式也不相同；内部质点相同，但空间排列形式不同，也导致不同物质。如金刚石的化学成分是纯碳C，石墨的化学成分也是纯碳C，金刚石坚硬无比，而石墨质地非常软。这是因为它们中的碳原子排列方式不同，形成两个在物理性质完全不同的物质。

晶体的几何多面体形态，是由一定的光滑平面围合而成，这种平面称为晶面，晶面相交而成的直线称为晶棱，晶棱的交点称为角顶。晶面、晶棱、角顶都是晶体的组合基本要素。

物质中质点作杂乱无章排列的固体，即不具格子构造的固体称为非晶质体（非晶体），具此性质的物质称非晶质，非晶质体亦为非晶质在空间的有限部分。从内部结构的角度来看，非晶质体中质点的分布颇类似于液体，其内部的原子排列无规律，不具格子构造，因而也没有规则的几何外形，如玻璃、蛋白石等。

二、晶体的基本性质

由晶体格子构造所决定的、为晶体所共有的性质称晶体的基本性质。在一定外界条件下取决于其成分和内部结构，晶体都具有格子构造，故导致其具有许多共有的基本性质。

（一）自限性（自发性）

晶体在良好的生长环境下能自发地形成几何多面体特定外形的性质称为自限性。这是由格子构造所决定的，形态只是格子构造的外在反映，即是格子构造无限排列的有限部分，因而晶体是定形体。而破碎的玻璃放入玻璃熔融体中就不能自行恢复原来的形状，因此是不具自限性的无定形体。

（二）均一（匀）性

同一晶体在各个部位相同方向上表现出具相同的性质称为均一性。这是由于晶体格子构造中，各处质点的分布都相同、均匀的缘故，从而导致在同一晶体中的各部分的物理、化学性质如密度、折射率值、热导性等也都相同，无论其块体大小都毫无例外地保持着各自的一致性。

（三）异向性（各向异性）

同一晶体在不同方向上具有不同的性质和特征称为异向性。这是因为格子构造中，不同方向上质点的性质、排列方式、质点间距、结合能力等都不同的原因而引起，故表现出晶体的解理、颜色、硬度、光学性质都有随方位而变化的特点。如蓝晶石（二硬石）在平行长轴和垂直长轴方向上的硬度具有明显的差异性，碧玺在平行长轴和垂直长轴方向上的颜色差异，钻石在平行八面体晶面方向容易破裂等，这些都是晶体异向性的一种表现形式。

（四）对称性

晶体在外形上，表现出相同的晶面、晶棱、角顶作有规律重复出现的性质称为对称性。这种对称性也是晶体格子构造对称性的外在反映，格子构造中，质点本身就是作有规律重复排列的，这种规律性的本身就是对称性。

（五）最小内能

晶体结晶时，放出大量热能，这就使得晶体在相同的热力学条件下，内部储藏的能量与同种物质的非晶质体、液体、气体相比较，其内能最小。

（六）稳定性

晶体质点的规则排列，使其相互间引力和斥力达到平衡，与同种物质的液体、气体相比，晶体的内能最小，内部结构能保持最大的稳定性，所形成的结晶状态是最稳定的状态。非晶体较晶体的稳定性差，随温度、压力和时间的变化往往具有向晶体转化的趋势。

三、晶体与非晶体的区别

表2-1　　　　　　　　　　　晶体与非晶体主要存在以下的区别

性 质	晶 体	非 晶 体
内部结构	质点在三度空间作有规则的排列，构成格子状构造	质点作杂乱无章的排列，不具有格子状构造
晶体形态	理想条件下能自发形成规则几何多面体的特定外形	不具规则的几何外形，是不具自限性的无定形体
物理性质	物理性质随方向而变化，如解理、颜色	在所有方向性质相同，无异向性，无解理和无多色性
熔 点	有固定的熔点	无固定的熔点
对称性	具对称性	无自然对称性
导热性	好，手感凉	差，手感暖

尽管晶体与非晶体存在着本质的区别，但两者在一定的条件下可以相互转化，晶体通过非晶化或玻璃化变成非晶体，而非晶体通过晶化或脱玻化变成晶体。如天然玻璃和锆石。

总之，晶体分布广泛，在宝石中占有绝对有势，90%以上宝石都是矿物晶体组成，如钻石、红宝石、蓝宝石、祖母绿、水晶、碧玺（电气石）等，它们的原石都有完整的几何外形。

第二节　晶体的对称

晶体是具有几何多面体外形，最突出的特点是它的对称性。对称性是晶体的基本性质之一，一切晶体都具有对称特征，它是由不同的晶体格子状构造的规律所决定的。

不同晶体的对称性往往又是互有差异的，主要表示在晶体对称特点上差异。此外，晶体的对称性不仅包含几何意义上对称，而且也包含物理意义上的对称。

图2-4　晶体的对称

一、对称的概念

对称的定义是：物体上、几何图形上相同的部分作有规律的重复出现。动植物的对称是为适应环境生存长期演化的结果，建筑物对称是为美观人为设计建造的。

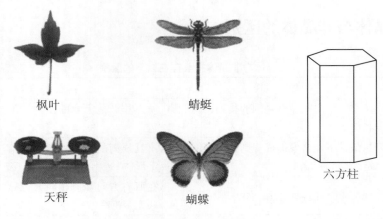

枫叶   蜻蜓

天秤   蝴蝶   六方柱

图2-5 对　称

它们之所以是对称是因为这些物体有两个或两个以上相同部分呈有规律的重复出现，如六方柱以中轴为中心，依次旋转60、120、180、240、300、360度时其相同部分都能有规律的重复出现，造成对称。

对称——就是物体相同部分有规律的重复的性质。

晶体的对称是格子构造在外表的反映。晶体对称具有以下特点：

（1）晶体都是对称的。因为晶体内部都具有格子构造，而格子构造本身就是质点在三维空间周期重复的体现。

（2）晶体的对称受格子构造规律的限制。也就是说只有符合格子构造规律的对称才能在晶体上体现。因此，晶体的对称是有限的，它遵循"晶体对称规律"。

（3）晶体的对称取决于内在的本质——格子构造，因此，晶体的对称不仅体现在外形上，同时也体现在物理性质（如光学、力学、热学、电学性质等）上；也就是说晶体的对称不仅包含着几何意义，也包含着物理意义。

二、晶体的对称要素

研究和分析晶体的对称性，往往需要进行一系列的操作，使得晶体中的相同部分重复，这种操作就称为对称操作。有"旋转、反映、反伸"几种基本操作，操作过程也有简单和复杂两种。

进行对称操作中所需要借助的一些几何要素（点、线、面）称为对称要素，与一种对称操作相对应的就有一种对称要素，常见的对称要素有对称中心、对称轴、对称面几种。

1. 对称中心（C）

是位于晶体中心的一个假想的几何点，在通过此点的任意直线上两端等长的地方，必能找到对应的相同点，此点即为对称中心。即通过对称中心的操作，使两个相等的部分互为颠倒的关系。

具对称中心晶体的特点为：其对应的晶面成反向平行且大小相等。晶体中对称中心有可无，但最多只能有一个。观察时将晶体一晶面平置于桌面，观察另一对应晶面是否与该晶面平行且相等；每一对晶面都需如此，观察如有一晶面不能找到与其对应平行且相等的面，则该晶体无对称中心。

2. 对称轴（Lⁿ）

晶体绕对称轴旋转360°，相同部分重复出现的次数称为轴次，用 n 表示，重复出现两次，称L^2、重复出现三次称L^3，以此类推。常见的对称轴次有L^2、L^3、L^4、L^6，L^3以上的对称轴称为高次对称轴。

使晶体相同部分重复出现所需要旋转的最小角度称为基转角（α），轴次与基转角的关系为：$n = 360° / α$。

对称轴在晶体中可能出现的位置有：

① 两个晶面中心的联线；② 两条晶棱中心的联线；③ 两个角顶中心的联线；④ 一个角顶与一个晶面中心的联线；⑤ 一根晶棱与一个晶面中心的联线。

晶体中可能存在的对称轴不是任意的，只能有L^1、L^2、L^3、L^4、L^6，晶体中无L^5和高于L^6的对称轴，这就是晶体对称的有限性。

同一晶体中，可同时存在几种轴次的对称轴，而同一轴次的对称轴也可以有几根，如$3L^4$、$4L^3$、$6L^2$，但也有的晶体无对称轴。

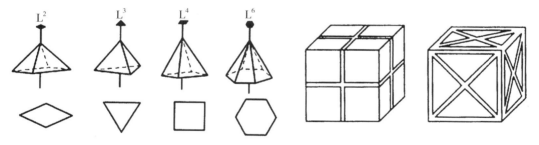

图2-6 对称轴和对称面

3. 对称面（P）

是晶体中的一个假想平面，通过该平面可把晶体分为两个互成镜像反映的相等部分。特点是：分成的两部分大小相同、形状相等，且互成镜像反映。

对称面在晶体中的位置：① 垂直平分晶面或晶棱；② 包含晶棱并平分晶棱（或晶面）的夹角。

对称面的数目有多有少，最多不超出9个（如立方体），但也有些晶体中无对称面。

三、对称型

同一晶体中全部对称要素的组合称为对称型。如立方体的对称型为：$3L^4 4L^3 6L^2 9PC$。

由于晶体中无L^5及高于L^6的对称轴存在，故对称要素的种类是有限的。根据对称要素的组合规律，对称要素的组合类型共有32种，亦称为32种对称型。

书写对称型时，先写高次对称轴，再写低次对称轴，再写对称面，最后是对称中心。如立方体的对称型$3L^4 4L^3 6L^2 9PC$。

四、晶体的分类

对称是晶体分类的依据，根据对称型，把对称型相同的晶体归为一个晶类，故32种对称型就有32种晶类。再按对称型中有无高次对称轴（L^3、L^4、L^6）及高次对称轴数目的多少把晶体划分为三大晶族，七大晶系。

表2-2 晶体分类

晶族	晶系	对称特点	宝石矿物
高级晶族	等轴晶系	必有$4L^3$	石榴石、金刚石、萤石、尖晶石
中级晶族	六方晶系	只有1根L^6	祖母绿、海蓝宝石、磷灰石
	四方晶系	只有1根L^4	锆石、方柱石
	三方晶系	只有1根L^3	电气石、刚玉、水晶
低级晶族	斜方晶系	L^2或P多于1个	金绿宝石、黄玉、橄榄石
	单斜晶系	L^2或P只有1个	硬玉（翡翠）、孔雀石
	三斜晶系	无L^2或P，仅有L^1或C	天河石、绿松石、月光石

五、晶体常数和晶系特点

为了准确描述晶体的形态，确定晶面在空间的相对位置，区分各晶系中矿物晶体的根本差异，就必须对晶体进行定向。即采用统一的原则在晶体中心建立一个坐标系统，确定坐标轴（晶轴）及每根轴上的度量单位（轴单位）的工作就称为晶体定向。

故晶体定向要做的两项工作是：①确定结晶轴（晶轴）；②确定轴单位。

晶轴上的度量单位叫轴单位，即晶面在晶轴上的交截单位，在X、Y、Z轴上分别用a、b、c表示，轴单位之间的比率即a：b：c称为轴率。晶轴之间的夹角称为轴角，分别以α（$Y \wedge Z$），β（$X \wedge Z$），γ（$X \wedge Y$）表示。轴率和轴角统称为晶体常数。

晶轴又分为直立轴和水平轴。直立轴为Z轴，平行观察者的为Y轴，对着观察者的为X轴。等轴晶系、四方晶系、斜方晶系、单斜晶系、三斜晶系均只有三根晶轴，即X、Y、Z轴；三方晶系和六方晶系有四根晶轴，即X、Y、U、Z轴，除Z轴为直立轴外，其余均为水平轴。

晶轴的两端还有正负之分：Z轴上（+）下（－）；X轴前（+）后（－）；Y轴右（+）左（－）；U轴前（－）后（+）。

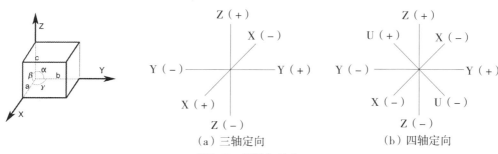

（a）三轴定向   （b）四轴定向

图2-7　晶轴和轴角

表2-3   各晶系的晶体定向及晶体常数特点

晶　系	对　称　型	晶　轴　的　选　择	晶体常数特点
等轴晶系	$3L_i^4 4L^3 6P$ $3L^4 4L^3 6L^2$ $3L^4 4L^3 6L^2 9PC$	互垂的$3L^4$或$3L_i^4$为X、Y、Z轴	$a=b=c$ $\alpha=\beta=\gamma=90°$
	$4L^3 3L^2$ $4L^3 3L^2 3PC$	互垂的$3L^2$为X、Y、Z轴	
六方晶系	$L^6 6L^2 7PC$ $L^6 6L^2$	L^6为Z轴，互成60°交角的$3L^2$为X、Y、U轴	$a=b\neq c$ $\alpha=\beta=90°$ $\gamma=120°$
	$L^6 6P$ $L_i^6 3L^2 3P$	L^6为Z轴，互成60°交角的$3L^2$或3P的法线为X、Y、U轴	
	L^6 $L^6 PC$	L^6为Z轴，互成60°交角的晶棱方向为X、Y、U轴	
三方晶系	$L^3 3L^2$ $L^3 3P$ $L^3 3L^2 3PC$	L^3为Z轴，互成60°交角的$3L^2$或3P法线为X、Y、U轴	
	L^3 $L^3 C$	L^3为Z轴，互成60°交角的晶棱方向为X、Y、U轴	
四方晶系	$L^4 4L^2$ $L^4 4P$ $L^4 4L^2 5PC$	L^4为Z轴，相互垂直的$2L^2$或2P法线为X、Y轴	$a=b\neq c$ $\alpha=\beta=\gamma=90°$
	$L^4 PC$ L^4	L^4为Z轴，两个互垂的晶棱方向为X、Y轴	
斜方晶系	$3L^2$ $3L^2 3PC$	互垂的$3L^2$为X、Y、Z轴	$a\neq b\neq c$ $\alpha=\beta=\gamma=90°$
	$L^2 2P$	L^2为Z轴，相互垂直的2P法线为X、Y轴	
单斜晶系	L^2 P $L^2 PC$	L^2或P法线为Y轴，两晶棱方向为X、Z轴	$a\neq b\neq c$ $\alpha=\gamma=90°$ $\beta>90°$
三斜晶系	L^1 C	三个主要的晶棱方向为X、Y、Z轴	$a\neq b\neq c$ $\alpha\neq\beta\neq\gamma\neq90°$

第三节　单形和聚形

在一定条件下矿物可以形成良好的晶体，晶体形态多种多样，但基本可分成两类：一类是由同形等大的晶面组成的晶体，称为单形。一类是由两种以上的单形组成的晶体，称为聚形。

一、单　形

单形是对称要素联系起来的一组同形等大晶面的总和。就是说，在具有几何多面体形的晶体上，各同形等大的晶面都能有规律地重复出现。单形不仅晶面形状相同，大小相等，物理性质也相同。如八面体是由八个相同大小的等边三角形组成。晶面能自行封闭一定空间的单形称为闭形，如菱面体、八面体；晶面不能自行封闭一定空间的单形称为开形，如柱体类、单锥类。显然，开形在自然界中不能单独存在。单纯考虑几何外形，单形共有47种，分属于三大晶族、七大晶系。

1. 各晶族、晶系的单形

（1）低级晶族的单形

由于其对称程度低，无高次对称轴，故仅有7种单形。

① 三斜晶系：只有单面和平行双面（板面）2种。

② 单斜晶系：除上2种外，还有双面和斜方柱2种，斜方柱的横切面为菱形。

③ 斜方晶系：除以上4种外，还有斜方单锥、斜方双锥和斜方四面体3种。

7种单形中，除斜方双锥和斜方四面体为闭形外，其余5种全为开形。

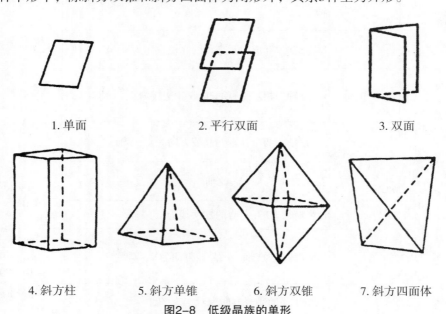

1. 单面　　　　　2. 平行双面　　　　　3. 双面

4. 斜方柱　　5. 斜方单锥　　6. 斜方双锥　　7. 斜方四面体

图2-8　低级晶族的单形

（2）中级晶族的单形

除低级晶族中的单面和板面可在中级晶族中出现外，另具有25种单形，分属于：

① 柱类：有6种，全为开形。即三方柱、复三方柱；四方柱、复四方柱；六方柱、复六方柱。横切面分别为正三角形、复三角形；正方形、复四边形；正六边形、复六边形。

② 单锥类：有6种，全为开形。即三方单锥、复三方单锥；四方单锥、复四方单锥；六方单锥、复六方单锥。底面形状同柱类的横切面相同。

③ 双锥类：有6种，全为闭形。即三方双锥、复三方双锥；四方双锥、复四方双锥；六方双锥、复六方双锥。横切面形状与柱类相同。

④ 其他：有7种，全为闭形。即三方偏方面体、四方偏方面体、六方偏方面体；四方四面体、四方偏三角面体；菱面体、复三方偏三角面体。

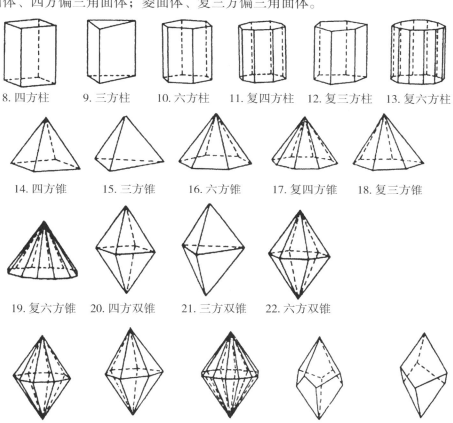

8. 四方柱　9. 三方柱　10. 六方柱　11. 复四方柱　12. 复三方柱　13. 复六方柱

14. 四方锥　15. 三方锥　16. 六方锥　17. 复四方锥　18. 复三方锥

19. 复六方锥　20. 四方双锥　21. 三方双锥　22. 六方双锥

23. 复四方双锥　24. 复三方双锥　25. 复六方双锥　26. 四方偏方面体　27. 三方偏方面体

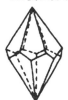

28. 六方偏方面体　29. 四方四面体　30. 菱面体　31. 四方偏三角面体　32. 复三方偏三角面体

图2-9　中级晶族的单形

（3）高级晶族的单形

共有15种，没有与中、低级晶族共有的单形，因对称程度高，晶面数目多，且全为三向等长的闭形。

① 四面体类：有5种。四面体为基本单形，其他4种均由四面体演变而来。即四面体、三角三四面体、四角三四面体、五角三四面体、六四面体。

② 八面体类：有5种，八面体为基本单形，其他4种均由八面体演变而来。即八面体、三角三八面体、四角三八面体、五角三八面体、六八面体。

③ 六面体（立方体）类：有2种，立方体为基本单形，四六面体由立方体演变而来。

④ 五角十二面体类：有2种，五角十二面体为基本单形，偏方二十四面体（偏方复十二面体）由五角十二面体演变而来。

⑤ 菱形十二面体：单独的1种。

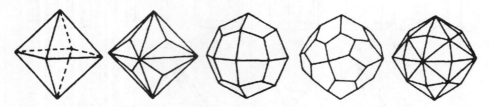

33. 八面体　　34. 三角三八面体　　35. 四角三八面体　　36. 五角三八面体　　37. 六八面体

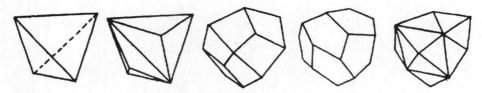

38. 四面体　　39. 三角三四面体　　40. 四角三四面体　　41. 五角三四面体　　42. 六四面体

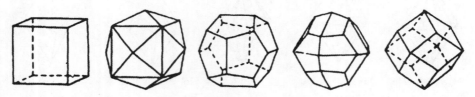

43. 立方体　　44. 四六面体　　45. 五角十二面体　46. 偏方复十二面体　47. 菱形十二面体

图2-10　高级晶族的单形

二、聚　形

（一）概念

两个或两个以上的单形组合而成的晶体形态称为聚形。自然界中绝大多数的矿物都以聚形的形式存在。

47种单形中，开形只有同其他单形组合后才能存在，闭形之间也能按一定的规律组合成聚形。

（二）聚形相聚的原则

单形的聚合遵循一定的规律，并非任何两种单形都能随意聚合组成聚形。

（1）一般情况下，只有同一晶系（三方、六方晶系可跨越）或具相同对称型的单形才能相聚。如六方柱和菱面体、四方柱和四方双锥、立方体和菱形十二面体。

（2）单形相聚时，对称程度高的服从对称程度低的，即对称型降低。如六方柱和菱面体相聚时，对称型降低为$L^3 3L^2 3PC$。

（3）单形相聚时，由于不同单形相互切割，可改变原来单形的形态，故聚形中会出现形状、大小都不相同的几组晶面。

（三）聚形分析

即分析聚形晶体形态由哪些单形组成。

（1）先找对称型，确定出聚形所属的晶族、晶系，可缩小查找的范围。

（2）观察聚形中有几组不同形状的晶面，从而确定聚形是由几种单形所组成，聚形中一种不同形状的晶面就代表了一种单形。

（3）再数每种单形的晶面数目，根据晶面数目在对应的晶系中确定出相应的单形名称。

（4）最后检查：根据对称型、晶面数目、在空间的位置来确定单形的名称是否正确。

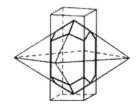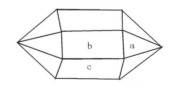

图2-11　聚　形

（四）研究晶体形态的意义

（1）晶体形态为鉴定宝石矿物的特征之一，研究外形有助于对宝石矿物的鉴定；

（2）研究形态有助于阐明矿物晶体的形成条件，即矿物的成因。

第四节　宝玉石的形态

一、宝石矿物单晶体的形态

矿物单晶体的形态主要包括晶体形状、晶体习性和晶面花纹等。

（一）结晶习性（晶体习性）

指同一种矿物晶体，在一定的外界条件下，趋向于形成某一种形态的特性，称为结晶习性。有一些矿物的结晶习性相当稳定，如石榴石、黄铁矿。但多数的矿物具有多种习性，如绿柱石、方解石、萤石等。根据晶体在三度空间上发育程度的不同，可将结晶习性分为三种基本类型。

一向延伸型：矿物晶体沿一个方向特别发育，呈现柱状、针状、纤维状等。如柱状的电气石、绿柱石；针状的金红石、矽线石；纤维状的石棉等。

二向延展型：矿物晶体沿二个方向特别发育，呈现板状、片状、鳞片状等。如板状的重晶石、石膏、斜长石；片状的锂云母、镜铁矿；鳞片状的绿泥石等。

三向等长型：矿物晶体沿三个方向大致相等的发育，呈现等轴状、粒状等。如石榴石、尖晶石、萤石等。

结晶习性除受晶体内部结构（格子构造）的影响外，也受形成条件（温度、压力、介质的酸碱度、组分浓度、空间大小等）的影响。如方解石在较高温度生成时，呈二向延展的扁平板状习性；而在较低温度下形成的方解石则具柱状习性。花岗岩中的石英均呈不规则的粒状，而在具有自由生长空间的晶洞中则发育成完好的柱锥状晶体。

1.晶面花纹

实际矿物晶体的晶面，并非都是理想光滑的平面，常常具有各种凹凸不平的天然花纹，称为晶面花纹。常见的晶面花纹有晶面条纹和蚀象。

晶面条纹是指由于不同单形的一系列细窄晶面，在生长过程中反复相聚，细窄条带与主要晶面呈阶梯状反复交替生长而造成的直线状平行条纹。如石英晶体柱面上的横纹就是由六方柱与菱面体的狭长晶面交替生长形成的；黄铁矿立方体晶面上的条纹则是由立方体与五角十二面体两种单形的晶面交替发育形成的。晶面条纹也称为生长条纹或聚形条纹。

矿物晶面条纹平行晶体延伸方向的称为纵纹，如电气石、绿柱石、绿帘石等；晶面条纹垂直晶体延伸方向的则称为横纹，如石英；有的晶体晶面条纹则互相交错，如刚玉；黄铁矿立方体晶面上则常出现三组相互垂直的晶面条纹。

2.蚀　象

晶体形成后，若遭受溶蚀还会在晶体表面形成凹坑（溶蚀坑），凹坑的形状、方向和分布受内部质点排列方式所控制，可反映出晶体的对称性，可作为鉴定矿物晶体原石的依据，如钻石表面的等边三角形凹坑。

图2-12　宝石矿物的形态（彩图6）

　　除晶面条纹和蚀象外，在宝石生长过程中晶体表面还可遗留下生长层、螺旋纹和生长丘等表面特征。

二、玉石的形态

　　玉石是以矿物集合体形式出现的宝石种类。即是指多个同种矿物单体或颗粒聚集体的形态，也称多晶质宝石。

　　多晶质按结晶颗粒的大小又分为显晶质和隐晶质两种。显晶质——晶体颗粒肉眼可见，如翡翠、石英岩玉；隐晶质——晶体颗粒在放大镜甚至显微镜下无法见到，如玛瑙、玉髓、岫玉等。

　　玉石的形态：呈现多种多样，但以粒状或致密块状为主，亦可见钟乳状、皮壳状、肉冻状、分泌体、结核体等。

三、宝石矿物双晶

　　双晶是指两个或两个以上的同种晶体，彼此间按一定的对称规律形成的规则连生。构成双晶的个体间的晶面和晶棱并非完全平行，但它们可借助于一定的对称操作，如旋转、反映、反伸等使个体间彼此重合或平行。

　　双晶的辨认可根据凹入角、缝合线及两个单体的对称性来加以确认。

　　按照双晶单体间的连接方式，双晶可以分为接触双晶、聚片双晶、穿插双晶和轮式双晶等四种类型。

1. 接触双晶

　　两个单体间只以一个简单的平面相接触，如锡石的膝状双晶、石膏的燕尾双晶、尖晶石的接触双晶等。

2. 聚片双晶

　　由若干个单体按同一种双晶律连生，接合面彼此平行，如钠长石、方解石的聚片双晶。

3. 穿插（贯穿）双晶

　　由两个单体相互穿插，接合面曲折而复杂，如正长石的卡氏双晶、十字石、萤石的穿插双晶。

4.轮式双晶

由两个以上的单体，按同一种双晶律组成，表现为若干组接触双晶或贯穿双晶的组合，各结合面互不平行而是依次呈等角度相交，双晶总体呈环状或辐射状。依其单体的个数可分别称为三连晶、四连晶等，如金绿宝石、白铅矿的三连晶。

双晶形成的条件很复杂，晶体的内部结构是形成双晶的内因，但并非每一种矿物晶体都可以呈双晶出现，故双晶也可以成为宝石矿物的一个辅助鉴别标志。

图2-13 宝石矿物双晶（彩图7）

第五节 宝玉石的化学成分

一、宝玉石的化学成分

化学成分是构成宝石矿物的物质基础。地壳中存在有90多种天然产出的元素，其中构成地壳质量最主体的元素有8种，分别是：O、Si、Al、Fe、Ca、Mg、Na和K。除此外还有作为宝石的主要化学成分、或者作为次要或微量化学成分的C、F、Cr、Mn、Ni、Co、Cu、Ti、B、N、Be等元素。

按照晶体化学分类原则，宝石矿物可划分为自然元素大类、硫化物及卤化物大类、氧化物大类和含氧盐大类。

（一）自然元素大类

即自然元素的单质矿物宝石，元素以单质形式呈独立矿物存在。属于此大类的宝石矿物有金刚石（C）。

（二）硫化物及卤化物大类

极少数宝石属于此类矿物，硫化物宝石如闪锌矿（ZnS）、黄铁矿（FeS_2）；卤化物宝石如萤石（CaF_2）等。

（三）氧化物大类

该大类是一系列金属元素、非金属元素与氧化合而成的化合物，其中包括含水的氧化物。阴离子O^{2-}一般呈立方或六方最紧密堆积，而阳离子则充填于其四面体或八面体空隙中。由于氧离子具有很大的亲合力，故一些硬度大、耐久性很强的宝石属于此类。形成该大类宝石的元素主要有Si、Al、Fe、Ti、Mg等，如刚玉矿物（Al_2O_3）的红宝石、蓝宝石，石英矿物（SiO_2）的紫晶、黄晶、烟晶、芙蓉石、玉髓、欧泊（$SiO_2 \cdot nH_2O$），金红石（TiO_2），锡石（SnO_2），尖晶石（$Mg Al_2O_4$）和金绿宝石（$BeAl_2O_4$）等。

（四）含氧盐大类

大部分宝石矿物属于含氧盐大类。根据络阴离子种类的不同，进一步又划分为硅酸盐类、磷酸盐类、硼酸盐类、硫酸盐类、钨酸盐类和碳酸盐类，其中又以硅酸盐类宝石矿物最多，约占宝石种类的一半。

1. 硅酸盐类

硅酸盐类矿物在地壳中分布极为广泛，矿物种类约占自然界矿物总数的1/3，占地壳总质量的80%。该类矿物不仅是三大岩类的主要造岩矿物，也是工业上所需的多种金属和非金属的矿物资源，有一些硅酸盐矿物还是珍贵的宝石矿物。

硅酸盐类矿物的晶体结构中，每个硅离子被四个氧离子所包围，组成的硅氧四面体是硅酸盐最基本的构造单位。硅氧四面体在结构中既可孤立地存在，也可以以其角顶相互连接形成各种形式的硅氧骨干，其中主要的硅氧骨干形式有：岛状、环状、链状、层状、架状等5个结构类型。

表2-4 硅酸盐类的结构类型

宝石矿物名称	化 学 成 分	化 学 式
橄榄石（岛状）	铁镁硅酸盐	$(Mg, Fe)_2SiO_4$
铁铝榴石（岛状）	铁铝硅酸盐	$Fe_3Al_2(SiO_4)$
黄玉（岛状）	铝氟羟硅酸盐	$Al_2SiO_4(F, OH)_2$
锆石（岛状）	硅酸锆	$ZrSiO_4$
绿柱石（环状）	铍铝硅酸盐	$Be_3Al_2Si_6O_{18}$
翡翠（链状）	钠铝硅酸盐	$NaAl(SiO_3)_2$
软玉（链状）	含羟基的钙镁硅酸盐	$Ca_2(Mg, Fe)_5Si_8O_{22}(OH)_2$
蛇纹石玉（层状）	含水的镁硅酸盐	$Mg_6(Si_4O_{10})(OH)_8$
月光石（架状）	钾铝硅酸盐	$KAlSi_3O_8$

2. 硼酸盐类

此类矿物中，BO_3^{3-}和BO_4^{5-}两种阴离子是硼酸盐的基本构造单位。属于此类的宝石矿物很少，属于罕见宝石，如硼铝镁石$Mg(Al, Fe)BO_4$等。

3. 磷酸盐类

此类宝石都含有PO_4^{3-}。该类宝石矿物成分复杂，往往带有附加阴离子。属于此类的宝石矿物有磷灰石$Ca(PO_4)_3(F, Cl, OH)$绿松石$CuAl_6(PO_4)_4(OH)_8 \cdot 4H_2O$等。

4. 碳酸盐类

此类矿物晶体结构特点是具有阴离子CO_3^{2-}，二价金属阳离子Mg、Fe、Zn、Mn、Ca等与阴离子组成碳酸盐类矿物。属于此类的宝石矿物有菱锰矿（$MnCO_3$）、孔雀石

〔$CaCO_3（OH）_2$〕、方解石（$CaCO_3$，珊瑚等的主要晶质部分）、文石（$CaCO_3$，珍珠的主要晶质组成）等。

二、类质同象和同质异象

引起宝石矿物化学成分变化的原因很多，主要表现为类质同象替换和外来物质以包裹体形式的机械混入。

（一）类质同象

1. 类质同象的概念

在矿物晶体结构中，部分质点（原子、离子、分子或络阴离子）被其他性质相类似的质点替换，仅晶体常数和物理性质发生不大的变化，而原来的晶体结构和化学键性仍保持不变的现象称之为类质同象。具类质同象的矿物中量少者称类质同象混入物。

2. 类质同象的类型

根据质点替换的程度类质同象分为：

（1）完全类质同象：构成类质同象关系的两种质点（组分）能以任意的比例替换，即替换不受比例的限制。

如镁橄榄石$Mg_2（SiO_4）$——橄榄石（Mg，Fe）$_2SiO_4$——铁橄榄石$Fe_2（SiO_4）$系列中，Mg^{2+}能被Fe^{2+}以任意比例乃至全部替换。镁橄榄石和铁橄榄石称该系列的两个端员矿物。

石榴石宝石矿物可形成两个类质同象系列：一类是三价阳离子为Al^{3+}，二价阳离子为（Mg^{2+}、Fe^{2+}、Mn^{2+}）可互换的铝榴石系列（Ca^{2+}离子半径较大，难与Mg^{2+}、Fe^{2+}、Mn^{2+}置换）；另一类是二价阳离子均为Ca^{2+}，三价阳离子为（Al^{3+}、Fe^{3+}、和Cr^{3+}）可互换的钙榴石系列。其端员成分变化如下：

铝榴石系列（Mg^{2+}，Fe^{2+}，Mn^{2+}）$_3Al_2（SiO_4）_3$

镁铝榴石$Mg_3Al_2（SiO_4）_3$

铁铝榴石$Fe_3Al_2（SiO_4）_3$

锰铝榴石$Mn_3Al_2（SiO_4）_3$

钙榴石系列$Ca_3（Al^{3+}，Fe^{3+}，Cr^{3+}）_2（SiO_4）_3$

钙铝榴石$Ca_3Al_2（SiO_4）_3$

钙铁榴石$Ca_3Fe_2（SiO_4）_3$

钙铬榴石$Ca_3Cr_2（SiO_4）_3$

（2）不完全类质同象：构成类质同象关系的两种质点（组分）只能以一定的比例相互替换，即替换是有限制的，只能在一定的比例范围内进行。

如闪锌矿ZnS中，Zn^{2+}被Fe^{2+}替换的比例不能超出ZnS重量百分比的26%，超出该比例，则ZnS就不能再继续保持其原有的晶体结构类型。

根据替换质点的电价类质同象分为：

（1）等价类质同象：相互替换的两种质点电价相同，橄榄石系列、闪锌矿中的Mg^{2+}、Zn^{2+}被Fe^{2+}的替换均属于此类。

（2）异价类质同象：相互替换的两种质点电价不同，如钠长石（$NaAlSi_3O_8$）——钙长石（$CaAl_2Si_2O_8$）系列（即斜长石系列）中，Na^+与Ca^{2+}的替换。但由于在Na^+被Ca^{2+}替换的同时，Al^{3+}也替换Si^{4+}，故替换后的总电价仍保持平衡。

3. 类质同象对宝石性质的影响

（1）对宝石颜色的影响

大部分宝石矿物是由于少量类质同象混合物时呈现出颜色。如刚玉（Al_2O_3），纯净时是无色的，当Al^{3+}被铬Cr^{3+}替换时呈现出红色、含铁和钛Fe^{3+}被Ti^{4+}替换时呈蓝色。

（2）对宝石物理性质的影响

在石榴石族矿物中存在着广泛的类质同象，使其在物理性质上存在较明显的差异。

表2-5

宝石矿物	化 学 式	折光率	相对密度
镁铝榴石	$Mg_3Al_2（SiO_4）_3$	1.71	3.53
铁铝榴石	$Fe_3Al_2（SiO_4）_3$	1.83	4.32

（3）对宝石的硬度的影响

如橄榄石的Mg^{2+}可以被Fe^{2+}所置换时，随着Fe^{2+}含量的增加，不但颜色加深，而且相对密度、折射率值、硬度（6.5~7）都略有增大。

具有类质同像的矿物，在分子式中一般将类质同像互相置换的元素用小括号括在一起，中间用逗号分开，量多者在前，量少者在后，如（Mg，Fe）。

（二）同质异象

同一化学成分的物质，在不同的外界条件（温度、压力、介质）下，可以结晶成两种或两种以上的不同晶体结构的晶体，形成结晶形态和物理性质都有较大差异的矿物，这种现象称同质异像。形成的形态称为同质异象变体，如金刚石与石墨。

表2-6

矿物	晶系	形态	颜色	光泽	透明度	硬度	密度	导电性
金刚石	等轴	八面体	无色	金刚	透 明	10	中	半导体
石 墨	六方	片、鳞片	黑、钢灰	金属	不透明	1~2	小	良导体

一种物质以两种变体出现称为同质二象，如方解石、文石。以三种变体出现称为同质三象，如红柱石、蓝晶石、矽线石。若以更多的变体出现则称为同质多象，如自然硫、石英。自然界的矿物中以同质二象最为常见。

三、宝玉石中水的存在形式

在许多矿物的化学组成中都含有水，如蛋白石（欧泊）——（$SiO_2·nH_2O$），但不同的含水矿物其水的存在形式是不同。

水在矿物中的存在形式主要有三种：

1. 构造水（化合水）

是以 OH^-、H^+、H_3O^+ 等离子形式存在于矿物晶体结构中的水，是晶体结构中的组成部分，这种水与结构联系紧密，需要在较高温度下（大约600~1000℃），晶格破坏时水分才会逸出。如黄玉 $Al_2（SiO_4）（OH，F）$。

2. 结晶水

以中性水分子形式存在于矿物晶体结构中的特定位置，也是矿物本身固有的化学组分之一，水分子的含量与其他组分间有着确定的比例关系。在化学式中写在其他组分之后，用圆点隔开，如绿松石 $CuAl_6（PO_4）_4（OH）_8·4H_2O$，含4个结晶水。结晶水在一定热力条件下（100~200℃，少数可达600℃）可以脱水，脱水后矿物晶格结构也随之破坏，矿物的物理性质也就发生了改变。

3. 吸附水

以中性水分子形式吸附在矿物表面或裂隙中，不参与晶体结构且含量不定，在化学式后用 nH_2O 表示。这种水可以是气态的，形成气泡水；也可以是液态的，或者包围矿物的颗粒形成薄膜水，或者填充在矿物裂隙及矿物粉末孔隙中形成毛细管水，或者以微弱的联结力依附在胶体粒子表面上，形成胶体水，如蛋白石 $SiO_2·nH_2O$ 即为一种含不固定胶体水的矿物。在常压下，当温度达到100~110℃或更高一点时，吸附水就可从矿物中全部逸出。

第六节　矿物与岩石

组成地壳的基本物质是化学元素、矿物和岩石，其中矿物与岩石是研究宝玉石学的基础。

一、矿物的基本概念

矿物是地壳和地球内层的化学元素在各种物理化学条件（各种地质作用）下形成的单质或化合物。矿物具有相对固定化学组成和内部结构，具有一定的外形和物理性质，并在一定的物理化学条件范围内保持相对的稳定性。在已经发现的3300多种矿物，颜色鲜艳、透明度好、化学性质稳定的天然宝石种类仅占极少数。绝大部分宝石矿物都是晶质体，如金刚石、红宝石、蓝宝石、祖母绿、海蓝宝石、橄榄石、石榴石、电气石、黄玉、尖晶石、长石等。还有少数非晶质宝石如欧泊、绿松石等。

二、矿物与宝石

宝石广义概念指具有瑰丽、稀有且耐久等特点而适用于琢磨、雕刻成首饰和工艺品的无机材料（矿物和岩石）和有机材料。它包括天然宝石、玉石、有机宝石、人造宝石等。

而宝石狭义概念是指自然界中色泽艳丽、透明无瑕、硬度大、化学性稳定、具有一定粒度的天然单矿物晶体。

矿物与宝石的关系主要是部分矿物与宝石狭义概念的对应关系，宝石是矿物中数量极少的那部分耐久、美丽、稀少的优质晶体。

人造宝石主要有两种类型：合成宝石和仿造宝石。用天然矿物原料或合成材料经过化学合成形成的与天然宝石的物理性质、化学成分相同的宝石称为合成宝石。仿造宝石也叫模造宝石、模拟宝石、伪造宝石或假宝石，是宝石中的赝品。一般是用人造玻璃和塑料制品以仿造红宝石、蓝宝石、祖母绿、绿松石、石榴石等。仿造宝石的历史悠久，有的做工精细，外表酷似天然宝石。另外，还有一种拼合宝石（粘合宝石），是由天然宝石和人造宝石拼合而成，也列为仿造宝石。

三、岩石的基本概念及分类

岩石是在各种地质作用下，按一定方式结合而成的具有稳固外形的矿物集合体，它是构成地壳及地幔的主要固态物质。有些岩石是由一种矿物组成，如大理岩主要是由方解石组成；但更多的岩石是由几种矿物组成，如花岗岩是由石英、长石、黑云母、角闪石等矿物组成。

根据成因，岩石可以分为三大类：岩浆岩（火成岩）、沉积岩和变质岩。

1. 岩浆岩

岩浆岩约占地壳总体积的66%，是岩浆在地下或喷出地表冷凝后形成的岩石。其中，随火山爆发喷出地表冷凝后形成的火成岩称为"火山岩"；而熔融岩浆在地表一定深度下冷却凝固而成的火成岩称为"侵入岩"。一般来说，岩石冷却凝固速度越慢所形成的宝石矿物晶体就越大。许多品种的宝石都形成于侵入岩中，如碧玺、橄榄石等。

根据岩浆中SiO_2含量的不同，又可将岩浆岩分为以下几类：

超基性岩——SiO_2含量<45%；基性岩——SiO_2含量45%~53%；中性岩——SiO_2含量53%~66%；酸性岩——SiO_2含量66%~75%。

2. 沉积岩

是在地表或接近地表的条件下，由母岩风化剥蚀的碎屑物，经搬运、沉积固结而成的岩石。沉积岩一般成层堆积，沉积岩只占地壳的5%~8%，但在陆地表层部分却有75%的面积覆盖的是沉积岩。如澳大利亚的国石欧泊大都产于沉积岩中。

沉积岩主要根据沉积物质来源，结合其他特征可以分为二类，即陆源碎屑岩类和内源沉积岩类。

陆源碎屑岩类也叫外源沉积岩类，主要有砾岩类—碎屑颗粒直径在2mm以上；砂岩类—碎屑颗粒直径在2~0.063mm之间；粉砂岩类—碎屑直径在0.063~0.004mm之间；黏土岩类由直径小于0.004mm的微细颗粒（含量大于50%的黏土矿物）组成的岩石，包括各种泥岩和页岩，其中页理发育的称为页岩，而页理不发育的则称为泥岩。

内源沉积岩类主要包括碳酸盐岩类（石灰岩、白云质灰岩、白云岩、泥灰岩等）和其它岩类（硅质岩、铁质岩、锰质岩、铁质岩、磷质岩、蒸发岩、可燃有机岩等）。

3. 变质岩

是由岩浆岩或沉积岩在较高的温度和压力条件下经过变化改造而成的岩石。由岩浆岩变质而成的岩石称为正变质岩，而由沉积岩变质而成的岩石称为副变质岩。根据变质作用类型的不同，变质岩又分为区域变质岩类、接触变质岩类、气成热液变质岩类、动力变质岩类和混合岩类五种类型。不同变质类型的岩石中，常常含有一些宝石矿物。例如，长期处于高温高压下的石灰岩在形成大理岩时可能含有红宝石；接触交代变质岩中，常含有石榴石、绿帘石、镁橄榄石、硅镁石等宝石矿物。

四、岩石与玉石的关系

玉石是指那些颜色艳丽、具有一定硬度、质地细腻、坚韧且能琢磨、雕刻成首饰或工艺品的多矿物集合体。也可以说玉石就是一种特殊类型的岩石。

如软玉（也称中国玉）主要是由透闪石、阳起石等组成的矿物集合体，呈纤维变晶结构，质地光滑细腻、致密，韧性极好，不易破碎，常呈油脂感的玻璃光泽或油脂光泽，能给人温润之感。根据颜色可分为白玉、青玉、青白玉、黄玉、碧玉、花玉等；根据产地可分为新疆和田玉、青海软玉、俄罗斯软玉等。

翡翠（意为翡红翠绿）在国际上称为硬玉，源自于翡翠鸟名。是一种以硬玉为主的矿物集合体。具有纤维变晶交织结构或粒状变晶结构。翡翠中可含少量的Ca、Mg、Fe、Cr、Mn、Ti、S、Cl等，其中Cr、Fe、Mn等元素对翡翠颜色具有重要的意义。翡翠中含有微量的Cr时呈诱人的绿色，含微量的Mn时呈紫色。

岩石性质上与绝大多数玉石是呈相互等同关系，岩石是由单矿物或多矿物集合体构成，玉石也是如此，只不过玉石是呈现色美、结构细腻、透明度较好的岩石而已。

和田玉（透闪石玉）、独山玉（蚀变斜长岩）、岫玉（蛇纹石玉）、绿松石（铜铝磷酸盐）被誉为中国古代四大古玉。

五、宝玉石产出与岩石的关系

天然宝玉石的形成是在各种地质作用下，按一定方式结合而成的矿物集合体。所以天然宝玉石与岩浆岩（火成岩）、沉积岩和变质岩这三大类岩石有密切的关系。

常见宝玉石的地质成因：

表2-7

岩石类型	宝 玉 石 名 称
岩浆岩（火成岩）	金刚石、绿柱石、刚玉、锰铝榴石、镁铝榴石、尖晶石、橄榄石、电气石、黄玉、石英、长石
沉积岩	绿玉髓、欧泊、硅化木、琥珀
变质岩	刚玉、石榴石、绿柱石、尖晶石、绿帘石、翡翠、软玉

沉积岩中宝石是很少的，但优质宝玉石多数出自沉积岩中，如钻石、红宝石、蓝宝石、绿玉髓、玛瑙、水晶、欧泊、软玉、翡翠等。是由于原岩经风化、剥蚀及搬运作用，将原岩中的宝石富集于沉积物中并呈砂矿出现。

第三章 宝玉石的物理性质

宝玉石的物理性质是区分和鉴定各类宝玉石品种的重要依据。而物理性质又取决于宝玉石本身的化学成分和内部构造，不同的宝玉石品种其化学成分和结构均有所不同，因而物理性质不同，它是确定宝玉石品种的关键。同时，宝石之所以能成为特殊商品，也是因为它们具有良好的物理性质，包括它的力学性质和光学性质，它们都是肉眼识别宝石的主要依据。

第一节 宝玉石的力学性质

宝玉石的力学性质是指宝石矿物在外力（如刻划、研磨、敲打）作用下所呈现的性质，包括密度、硬度、解理、裂理和断口等。

宝玉石的力学性质是鉴别宝玉石的重要依据。所有的宝玉石均具有各自特征的力学性质，且不少性质仅用肉眼或简单工具就能观察或测试，因而利用之可以简单快捷地鉴别宝玉石。

一、解理、裂理和断口

它们共同特点——在外力作用下产生破裂。

1. 解理

解理是指宝石矿物受外力作用下，沿一定的结晶方向发生破裂，并裂开出光滑的平面的性质。光滑平面称为解理面。如钻石有八面体解理；黄玉有底面解理；硬玉有柱状解理。

图3-1 钻石的八面体解理（彩图8）

解理总是沿着晶体结构的薄弱处发生，且同种宝石必定具有相同的解理，因此，解理是宝石晶体所固有的性质，是宝玉石的鉴别标志之一。

解理面与晶面不同，解理面一般可形成许多相互平行的平面，而且光滑，而晶面仅是晶体最外面的一个面，一般不平整且反光弱，解理面一般平行晶面。

虽然绝大多数晶体都会发生解理，但表现程度有异。根据解理发生的难易和解理面发育的程度，将其分为五级：

极完全解理：极易发生，解理面显著、平整、光滑。

完全解理：易于发生，解理面显著但较平滑。

中等解理：能够发生，解理面显著但不够平滑。

不完全解理：虽能发生，但较困难，解理面断续分布。

极不完全解理：很难发生，一般称作无解理。

解理在宝石学中具有重要意义，主要是针对具有解理的宝石。

（1）许多宝玉石原料其解理性质成为鉴定其真假的重要依据，如钻石具完全的八面体解理，并因解理的发育而在其原石表面呈现三角座等标志性特征，若一颗呈八面体外形的晶体原石，当其表面无八面体解理或三角座痕迹时，我们应大胆怀疑其真假。

如翡翠中由于其组成矿物发育相互近于垂直的两组解理，光从解理面反射形成特殊的类似珍珠光泽的闪光，行业内称翠性，云南人称为苍蝇翅，它是鉴定翡翠真假的重要的理论依据。

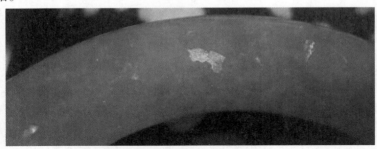

图3-2　翡翠中的翠性（彩图9）

（2）在宝玉石加工中，解理是必须考虑的重要因素。如由于解理面不能抛光，因此在设计加工刻面型宝石时，任何一小面都不能与解理面平行，至少应使刻面与解理面保持5度以上的夹角，否则加工将失败，并由此产生重大的经济损失。此外，钻石工匠利用解理劈开钻石或去杂；如1908年，一位荷兰阿姆斯特丹的著名宝石工艺大师，巧妙地利用钻石所具有的一组中等解理，尽把当时名震于世的一颗重3106克拉的库利南金刚石劈成两半，分别加工成具74个面的梨形小面型钻石和58个面的方形小面型钻石，并分别称之为库利南Ⅰ号和Ⅱ号。此外，在佩戴宝石时，要尽量使其免受外力打击而发生沿解理破裂或产生裂缝。

2. 裂　理

宝石矿物晶体在外力作用下，沿着双晶接合面或杂质夹层等裂开的性质称为裂理。因裂理而裂开的平面称为裂理面。同种晶体若形成双晶，则必须遵循一定的双晶律，若存在杂质夹层则必有一定的结晶学方向，因此裂理的产生也有一定的方位。但它与解理不同，同种晶体中必定具有完全相同的解理，而裂理则未必。

刚玉晶体中因存在有聚片双晶，使其底面裂理特别发育，红宝石有十红九裂之说。许多红宝石就是因为存在裂理而失去了珍贵宝石的价值。

3. 断　口

断口系指在外力作用下，沿任意方向裂开的性质。断口的发生是无固定方向的，且其断面不平整，但常具有一些特征的形态，因而断口也是宝玉石的鉴别标志之一。如水晶的断口形态呈贝壳状，称之为贝壳状断口；石榴子石、橄榄石等宝石之断口形态常为参差不平状，称为参差状断口；软玉的纤维状结构，使它出现所谓的锯齿状断口等等。

二、硬度（H）

硬度是指宝石材料抵抗外来压入、刻划或研磨等机械作用的能力。

如钻石的H为10；水晶H的为7。硬度与其内部晶体结构和化学键有关。

硬度是宝玉石矿物的重要特征，其测试方法有两种方法：相对硬度和绝对硬度。相对硬度在鉴定宝石中有重要意义，常用的相对硬度是摩氏硬度。可用摩氏硬度计来测试。

摩氏硬度是1882年由德国物理学家摩斯提出来的。他将硬度分为10级，并分别用10种矿物指示。这10种矿物按序排列，即构成摩氏硬度计（Moths scale of hardenss）。

0624

莫氏矿物

1	2	3	4	5	6	7	8	9	10
滑石	石膏	方解石	萤石	磷灰石	正长石	石英	黄玉	刚玉	钻石

图3-3　摩氏硬度计（彩图10）

必须指出：这10种矿物所代表的硬度，只是其相对大小，各级之间的差异并非均等，摩氏硬度只是一种相对硬度。

摩氏硬度的测定十分简便，选择待测宝玉石之新鲜的晶面或抛光面，用摩氏硬度计中的矿物刻划之，看在待测宝石的刻划处，是否留下刻痕，从而估计出待测宝石的硬度。如祖母绿被黄玉刻划留下刻痕，而用石英刻划没有刻痕，说明祖母绿之硬度低于黄玉而高于石英，故估计其摩氏硬度为7.5。此外，一些常见物品也可用来进行硬度测试。如指甲的硬度约为2.5，铜针约为3，小刀约为5.5，玻璃约为5.5。

需要指出的是，宝玉石硬度的测试，对其原材料的鉴别来说，是快速有效的，但对宝玉石成品来说，则是破坏性的，故一般不用，在万不得已时，则用宝玉石成品之腰部，有的放矢地在磨平的标准矿物（即摩氏硬度计中的矿物）片上刻划，检查矿物片上有无刻痕，从而估计出宝玉石成品之硬度，切不可用标准矿物来刻划宝玉石成品。

人们还用标准矿物之尖锐小块制成了硬度笔，作为测试宝石成品硬度的工具。用硬度笔测定宝玉石成品的硬度时，必须在宝玉石成品上不易被察觉的部位进行，并应使刻痕尽量小而只能在放大镜下才可观察到。使用硬度笔的一般规则是：从硬度小的笔开始向硬度大者依次进行。其目的是为了在宝玉石成品上仅留下一条刻痕。

在宝石商贸中，不同硬度宝石不能混装，以免磨擦；空气灰尘石英，硬度为7，对于硬度H<7的宝石避免与灰尘接触，使宝石面上不会变"毛"。在使用硬度鉴定宝石时，一般作为最后的测试，应遵循"先软后硬"的顺序。

应指出在某些材料中，硬度依结晶方向不同而存在差异，如蓝晶石在平行柱面方向的硬度为5.5，而在垂直方向上为6.5。而钻石也存在差异硬度，其八面体方向的硬度大于其他方向的硬度。加之金刚石粉末的方向是随机，可能含有大量硬度较大方向的尖粒，因而金刚石抛光粉可用于钻石戒指的抛磨。

对于玉石是由不同硬度矿物组成，所用磨料的硬度须高于宝石材料中最硬的矿物，否则在这些材料表面易出现高低不平的小坑或突起（橘皮现象）。

三、韧性和脆性

宝玉石在外力作用下抵抗碎裂的性质称为韧性（toughness）；易于碎裂的性质为脆性（brittleness）。韧性和脆性是一个问题的两个方面，它们是宝玉石抗碎裂程度的一种标志。

韧性或脆性与宝玉石的硬度之间没有必然的联系，即硬度较大者，未必韧性亦大（或脆性较小），如钻石的硬度最大，耐磨损性好，但韧度较小，脆性较大，较易破碎，所以钻石可以刻划钢锤，但经不起钢锤一击，故在钻石的加工和佩戴时，要注意尽量避免撞击；又如，软玉硬度较低，但它的韧性较大，脆性较小，不易破碎，它虽不能刻划钢锤，但有时能经得起钢锤之击。一般软玉的韧性较大，人们正是利用这一点，将其雕琢成各种玲珑剔透的玉器工艺品。

四、比重（相对密度）

比重是物质在空气中的重量与4℃时同体积水的重量之比。比重没有量纲，因而也没有单位。宝石比重=宝石密度/4℃水的密度。因为4℃水的密度为$1g/cm^3$，故宝石的比重和密度在数值上是相同的。

比重的大小取决于组成元素的原子量、原子或离子的半径和结构紧密程度，因此，相对密度是鉴定宝石（特别是玉石）的一个重要参数。宝石的比重值受其化学组成和晶体结构的控制。因此，每种宝石均有其固定的比重值，但由于受到类质同象、杂质包裹体的影响，实测的比重值会有一个小的变化范围。

实际应用中，物质的体积尤其是不规则形状的体积较难获得，因而密度的测定较为困难，相对而言，物质比重的测定要容易得多，因此，宝玉石工作者一般用比重作为宝玉石的重要鉴别标志。

第二节　宝玉石的光学性质

宝玉石的光学性质是宝石在可见光的照射下产生反射、折射和吸收等一系列光学现象。主要有透明度、颜色、折射率、色散、多色性、特殊光学现象等。

一、光的基本知识

光是一种自然现象，因为有光人们才能看到宝石矿物之美丽，才能根据光正确评价宝石。

因此，要了解宝玉石就应先了解光的本质及不同化学成分、不同结构构造的宝玉石与光的相互作用。宝玉石的光学性质是宝玉石最重要的物理性质，对宝玉石的品种确定、与相似宝玉石的区别、正确评价其品质及不断改进完善切磨工艺和优化处理等方面具有重要的意义。

人们很早就对光的本质进行研究。并存在以麦克斯韦和普朗克、爱因斯坦为代表的两派不同的学说，即光的电磁波理论和光的量子理论。光的电磁波理论认为；光是一种电磁波，光源辐射能是以波动的形式由近至远地向前传播，光在真空中的传播速度为3×10^8m/s。电磁波的振动方向垂直于传播方向，即光是一种横波（图3-2-1），用波长（λ）及振幅（A）两个参数，就能将其正确地描述出来。波长表示电磁波能量的大小，振幅表示电磁波的强度。

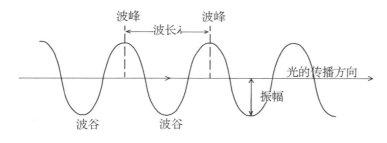

图3-4　光的波动性

宝玉石学中常用纳米（nm）作为波长的单位，1nm=10^{-9}m，在有些情况下，也用波数来表示波长范围，波数的是指单位长度内波的数目，其单位为cm^{-1}。光的波动理论很好地解释了光的干涉、衍射及宝玉石中的一些光学现象。

整个电磁波的范围非常广泛，从波长最长的无线电波到波长最短的宇宙射线，而可见光只是整个电磁波谱中非常狭窄的一部分，波长从700nm到400nm。

光不但具有波动性，而且具有粒子性，1900年普朗克提出了光的量子理论，爱因斯坦进一步发展了这个理论，他认为：光能是从光源发出的一颗颗不连续的粒子流，这些粒子称为光量子或光子，不同频率的光子具有不同的能量，它与光的频率成正比，而与光的波长成反比。即波长越短，光的能量越大。光的粒子性能很好地解释了宝玉石的颜色成因及荧光、磷光等现象。

光的基本知识，在鉴赏珠宝时，了解珠宝的光学性质意义极大。首先，宝玉石的颜色、光泽以及所具有的一些特殊的光学效应都是光与宝石相互作用的结果，因此，光与宝玉石间相互作用产生的效应是评价宝玉石价值高低最重要的依据。第二，对宝玉石的检测，一般要求在无损伤条件下进行，所依据的主要是宝玉石的光学性质，如折射率、双折射率等，因此，光学性质对宝玉石检测至关重要；第三，为了最大限度地体现宝玉石的美，必须将宝玉石能产生最吸引人的效果能显示出来，为此，加工工艺师必须对宝玉石的光学性质有充分的了解。因此，光学对于宝玉石鉴赏的重要性可体现在评价、鉴定与加工等方面。

（一）自然光与偏振光

根据光波的振动特点，可分为自然光与偏振光

1. 自然光

一切从光源直接发出的光波。如太阳光、灯光、烛光。特点：是在垂直光波传播方向的平面内各方向上都有等振幅的光振动。

2. 偏振光（平面偏振光）

在垂直光波传播方向的某一固定方向上振动的光称平面偏振光。

自然光可通过反射和折射转变成平面偏振光，在实验室用偏振滤光片将自然光转变成平面偏振光。

（二）光的折射、折射率和全反射

1. 光的折射与反射

由于光的粒子性，光波在均匀介质中沿直线传播，但当光波从一种介质传到另一种介质时，在两种介质的分界面上将发生分解，产生折射及反射现象。反射光按反射定律返回介质，折射光按折射定律进入另一介质。（图3-5）

这里入射线、折射线、反射线都处于包括法线的入射平面内，反射角等于入射角，折射角小于入射角（光波从光疏介质进入光密介质）。

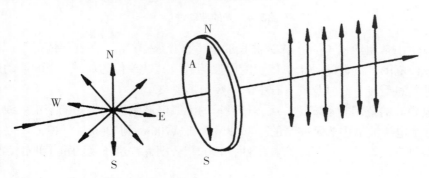

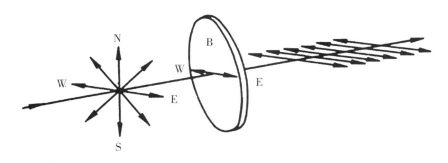

图3-5　偏振光的产生

2. 折射定律及折射率

如图3-7，设想一束平行光线倾斜射向两种介质的界面。R_1，R_2为该光束中两条代表光线。设 i 代表入射光与法线的交角（入射角），γ 代表折射光与法线的夹角（折射角）。设V_i代表光波在介质（1）中的传播速度。以V_γ代表光波在介质（2）中的传播速度。设在t1瞬间，入射光束的波前到达OG面。根据惠更斯原理，波前OG面上的每一点均可视为发射子波的新波源。当光线R_1从O点进入折射介质（2）时，光线R_2仍在入射介质（1）中传播。在t_2瞬间，R_2到达界面M点，R_1已在折射介质（2）中传播了OS距离。$OSmv_\gamma$（t_2-t_1）。即R1从O点发出的子波已在折射介质中形成以OS为半径的一个半圆波面。从M点向此半圆波面作一切线与波面相切于S点。MS为t_2瞬间折射光束的波前。OS为折射光束的传播方向。

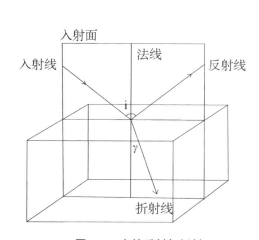

图3-6　光的反射与折射

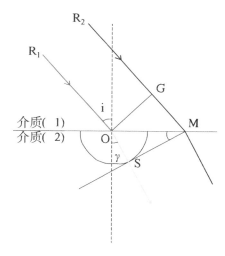

图3-7　光的折射定律

图3-7中　在△OMG中，$\angle GOM=i$，　$MG=OM\sin i$　　　　　（1）

△OSM中，$\angle OMS=\gamma$，$OS=OM\sin\gamma$　　　　　（2）

以（2）式除（1）式 $\dfrac{MG}{OS}=\dfrac{OM\sin i}{OM\sin\gamma}$　　　　　（3）

因 $MG=Vi(t_2-t_1)$ ， $OS=V_\gamma(t_2-t_1)$ ，带入（3）式得：

$$\frac{Vi(t_2-t_1)}{V\gamma(t_2-t_1)}=\frac{\sin i}{\sin \gamma}$$

即 $\dfrac{Vi}{V\gamma}=\dfrac{\sin i}{\sin \gamma}=n$ （4）

（4）式为折射定律，两种介质一定时，n为一个常数。称为第二介质（折射介质）相对第一介质（入射介质）的相对折射率，如果入射介质为真空（或空气），n值则为折射介质的绝对折射率。一般我们所指物质的折射率都是相对真空（或空气）而言的，即其绝对折射率。

从上式可知，光波在介质中的传播速度越大，该介质的折射率越小；反之，光波在介质中的传播速度越小，该介质的折射率越大。介质的折射率值与其组成成分、结构有关。在宝石学中，宝石折射率是反映宝石成分、晶体结构的非常重要的常数之一。是宝石种属鉴别的可靠依据。

3. 光的全反射

根据折射定律，当光波由折射率较小的介质（光疏介质）射入折射率较大的介质（光密介质）时，其折射光线偏向法线。反之，当光波由折射率较大的介质射入折射率较小的介质时，其折射光线偏离法线（图3-2-5）。

在图3-2-5中，S面为光密介质与光疏介质的分界面，O为总光源。从光源OB、OC、OD、OE一系列光波向S面入射。其中OA光垂直界面，i=0°，故γ=0°，不发生折射，AA′光沿OA原方向射入光疏介质中。

随着光波入射角的加大，折射角势必不断增大，折射光线越来越偏离法线。当光线的入射角加大到一定程度时（如图中的OD光线），γ=90°，相应得折射线DD′将沿界面进行传播。如果光波的入射角继续增大（如图中的OE光线），γ>90°，入射光不再发生折射，而是全部反射回入射介质中，且遵循反射定律，反射角=入射角（i=γ）。这一现象称为光的全反射，与γ=90°相应得入射角称为全反射临界角。

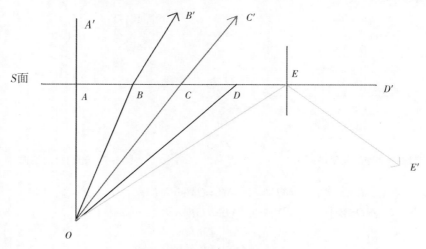

图3-8 光的全反射

设图3-8中光疏介质的折射率为n_1，光密介质的折射率为n_2（$n_2 > n_1$），全反射临界角为ϕ，将得出下式：

$$\frac{\sin \phi}{\sin 90°} = \frac{n_1}{n_2} \qquad n_1 = n_2 \sin \phi$$

根据上式，如果光密介质的折射率值n_2已知，便可根据全反射临界角计算出光疏介质的折射率值n_1值。宝石用折射率仪就是根据全反射原理设计制成的。反之，当n_2和n_1值已知时，根据上式可以计算出全反射临界角的值。在宝石加工中，为了使刻面达到对光的全反射效果，可根据加工宝石的折射率值，通过上述关系式，计算出最佳的刻面角度。

（三）均质体与非均质体

根据光学性质在宝石的传播方式不同，可将宝石分为均质体和非均质体两大类。

1. 均质体光学性质在各个方向上相同，即光在均质体宝石的各个方向上传播时，其速度和性质都是一样的

特点：（1）不改变入射光的振动特点和方向。

（2）只有一个折射率。如钻石RI=2.417。等轴晶系和非晶体的宝石属均质体宝石。钻石、石榴石、尖晶石、玻璃等都是均质体宝石。

2. 非均质体宝石

其光学性质随方向而异。当光波进入非均质体宝石时，一般会分解成振动方向互相垂直、传播速度不同、折射率不等的两束偏振光，这一现象称为光的双折射。除了等轴晶系以外的宝石为非均质体宝石

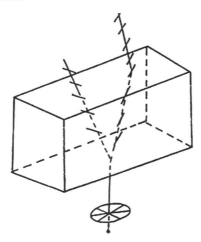

图3-9　非均质体光的传播

特点：（1）分解成振动方向互相垂直、传播速度不同、折射率不等的两束偏振光。

（2）有无个数折射率，折射率有一定的范围。如水晶RI=1.544~1.553。

光沿非均质体的特殊方向射入时，不发生双折射，基本上不改变入射光的振动特点和方向，这个方向称光轴。中级晶族只有一个方向不发生双折射，只有一个光轴，称一

轴晶宝石，如：红宝石、蓝宝石、祖母绿、碧玺、水晶。而低晶族有两个方向不发生双折射，有二个光轴，称二轴晶宝石。如：橄榄石、金绿宝石、托帕石。

二、颜 色

颜色是最直观、最明显的光学性质，是肉眼识别宝玉石最重要的依据之一，也是决定宝石品级，确定宝石价值的大小的重要因素。

宝石正是因为颜色的丰富多彩和艳丽美妙而被人们所欣赏。自然界珍贵的宝石都有特征的颜色，如鸽血红、祖母绿等，它们是决定宝石档次、品级的重要特征及标准。宝石颜色的纯正匀净与否是划分宝石价值高低的重要因素。在宝石的鉴定中，颜色及色调有时也是区别各类宝石品种、天然与合成、天然与优化处理的重要标志之一。大多数宝石的颜色都是组成宝石的化学成分中的致色元素对光选择性吸收所造成，也有部分宝石是由物理性质呈色。

1. 宝玉石颜色的形成

（1）颜色的本质

在一般情况下，视觉正常的人仅能感觉到700～400nm范围的波谱，（可见光—自然光）其颜色依次为红、橙、黄、绿、蓝、紫。

图3-10　自然光谱（彩图11）

一定的物体包括发光体具有固定的光谱特征，具有特定的颜色，所以颜色是客观存在的。但是，另一方面，颜色又受到人眼和大脑对物体辐射的接收和判断，接收和判断的正确度影响到不同人对颜色的表达。形成颜色要具备三个条件：

①（白）光源；

②反射或者折射时改变这种光的物体；

③接受光的人眼和解释它的大脑。

三个条件缺一不可，否则就没有颜色。

（2）宝玉石对光的吸收

白光照射到宝石上，会被宝石吸收，如果均匀地吸收所有的可见光，宝玉石将呈现灰色到黑色，如果只是吸收了可见光中的某些波长的光线，对光线不均衡地吸收，宝玉石将呈现出颜色，这种性质称为选择性吸收。

（3）宝玉石的颜色

宝玉石不均衡地吸收（选择性吸收）白光，导致被吸收的较弱波长的光线和未被吸收的较强的波长的光线混合在一起透射（或者反射）出宝玉石，形成颜色。这种由残余光线而形成的颜色称为剩余色，由剩余色性形成的颜色称为宝石的体色。

与宝石体色对应的是宝石的辉光和晕彩，例如黑欧泊的体色是深蓝色，它的变彩有红、黄、绿等多种颜色。

2. 宝玉石颜色的描述方法

（1）颜色的互补和加和律

宝玉石对白光中各色光波不等量吸收，选择性吸收后所呈现的颜色遵从色光的混合—互补原理。当两种色光混合后呈现白色，则称这两种色光为互补色光。红光与青光、绿光与品红光、蓝光与黄光等都是互补色光。如宝石对白光中的黄光吸收较多，对其他色光吸收程度相近，则呈现出蓝色。

宝石矿物颜色的深浅，取决于宝石对各色光波吸收的总强度。吸收的总强度大，颜色就深，反之颜色则浅。

（2）颜色要素

宝石的颜色特征可以用色度学规定的色调、明度、饱和度三要素来描述：

①色调（色彩）

指颜色的种类，彩色宝石的色调取决于光源的光谱组成和宝石对光的选择性吸收，也是彩色间相互区分的特性，如红色、绿色和蓝色。

②明度（亮度）

指人眼对颜色明暗度的感觉。彩色宝石的明度的大小取决于宝石对光的反射或透射能力，即宝石本身颜色的深浅和加工的光学效果。

③饱和度（纯度）

指颜色的纯净度和鲜艳度。色彩的纯净程度，它取决于宝石对光的选择性吸收程度。

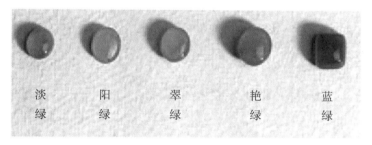

淡绿　阳绿　翠绿　艳绿　蓝绿

图3-11　饱和度（彩图12）

（3）颜色的定性描述

通常对颜色的命名方法是将主色调放在后面，用颜色修饰词描述次要的色调，如绿黄色、紫红色等，把颜色浓度的修饰词放在最前面，如浅黄绿色，淡蓝紫色等。

3. 宝石颜色的呈色机理

（1）致色元素

化学元素中有些元素的氧化物和化合物带有颜色，这些元素主要属于元素周期表的过渡元素和镧系元素，被称为致色元素，主要有Ti、V、Cr、Mn、Fe、Co、Ni、Cu和稀土等。在宝石中，这些元素对宝石的颜色也起着重要的作用。但是，物体具有颜色的机制非常复杂，有些非致色元素在特定的分子结构中会产生颜色，同样，致色元素在不同的分子结构，具有不同的致色作用，例如红宝石中的Cr^{3+}导致红色，祖母绿中的Cr^{3+}导致绿色。当致色元素的化合价不同时，产生的颜色不一样。例如钙铁榴石中的Fe^{3+}导致浅黄色，铁铝榴石中的Fe^{2+}深红色。过渡元素致色作用的机制可用各种物质结构的理论来解释。

（2）色心

色心是一种能导致物体产生颜色的晶格缺陷，可以分为电子色心和空穴色心两类：

① 电子色心：电子占据了阴离子空位时所产生的色心。也可认为电子被捕获并占据了通常情况下本不应有电子存在的位置时，就形成了电子色心。

② 空穴色心：由于阳离子缺失而相应产生的电子空位。也可认为一个本该存在电子的位置上缺少一个电子，留下一个"空穴"和一个能吸收光的未配对的电子，这种缺陷称为"空穴"色心。

色心是某些宝石种的主要致色原因，如萤石、紫晶、烟晶、蓝色托帕石和钻石等。

色心和致色元素的最大区别是，色心形成的颜色在一定条件下（如高温），会由于晶格缺陷的变化或者消失，而改变色心的性质，致使颜色发生改变或者褪色，称为色心转移和漂白。这种机制在宝石的颜色改性处理中发挥很大的作用。

（3）物理呈色

由于光的干涉、衍射、色散、散射和反射等物理现象导致的颜色，它常常叠加在宝石因选择性吸收而呈现的体色上，进一步增加宝石颜色的美丽和神秘。如欧泊的变彩、日光石的褐红色反光、钻石的火彩等。

（4）自色宝石、他色宝石、假色宝石

①自色：由化学成分中的主要元素引起颜色。

如橄榄石（Mg，Fe）$_2$［SiO_4］中的致色元素是Fe，参与化学分子式，为主要元素，其含量是不变的，颜色单一。

特点：主要元素、颜色单一

②他色：由化学成分中的杂质元素引起颜色。

如红蓝宝石（Al_2O_3），纯净时是无色的，当含有铬Cr时呈现出红色、含铁和钛Fe+Ti时呈蓝色。翡翠$NaAlSi_2O_6$，白色—纯净时；绿色—Cr：鲜绿色；Fe：深绿色。因两者同时存在，可现不同深浅的绿色，使得翡翠颜色丰富多彩。

绝大多数的宝石都是他色宝石。

特点：杂质元素、颜色变化大

③假色：与宝石的化学成分和晶体结构没有直接关系，而与光的物理性质作用有关。如内部的包体、解理等，对光的折射、反射等光学作用产生颜色。

表3-1　　　　　　　　　　　　　自色宝石和他色宝石一览表

自色宝石			他色宝石		
致色元素	宝石	颜色	致色元素	宝石	颜色
Cr^{3+}	钙铬榴石	绿色	Ti^{3+}	蓝锥矿	蓝色
Mn^{3+}	锰铝榴石	橙色	$Ti^{3+}+Fe^{2+}$	蓝宝石	蓝色
Mn^{3+}	蔷薇辉石菱	粉红	V^{3+}	绿色绿柱石	绿色
Mn^{2+}	磷锰矿	紫色	Cr^{3+}	红宝石、红尖晶	红色
Fe^{2+}	橄榄石	黄绿	Cr^{3+}	祖母绿	绿色
Fe^{2+}	铁铝榴石	暗红	Mn^{3+}	红色绿柱石	紫红
Cu^{1+}	绿松石	天蓝	Fe^{2+}	海蓝宝石	蓝和绿
Cu^{2+}	孔雀石	绿色	Ni^{2+}	绿玉髓	绿色
Cu^{2+}	硅孔雀石	蓝绿	Co^{2+}	合成蓝色尖晶	蓝色

（5）解释宝石致色机制的理论

除了物理呈色，宝石颜色的形成机制可以用各种物质结构的理论来解释，目前常用的对颜色现象的解释具有成效的理论有：晶体场理论、配位场理论、分子轨道理论、能带理论等。

三、透明度

1. 透明度的物理定义

宝玉石的透明度是指宝石允许可见光透过的程度。

2. 宝玉石中透明度的划分

宝玉石的透明度范围跨越很大，无色宝石可以达到透明，给人于清澈如冰的感觉，而完全不透明的宝石则较少。在研究宝石的透明度式，应以同一厚度为准。

在宝玉石的肉眼鉴定中，通常将宝玉石的透明度大致划分为：透明、亚透明、半透明、微透明、不透明五个级别。

（1）透明

能容许绝大部分光透过，当隔着宝玉石观察其后面的物体时，可以看到清晰的轮廓和细节，如水晶。

（2）亚透明

能容许较多的光透过，当隔着宝玉石观察其后面的物体时，虽可以看到物体的轮廓，但无法看清其细节。

（3）半透明

能容许部分光透过，当隔着宝玉石观察其后面的物体时，仅能见到物体轮廓的阴影。

（4）微透明

仅在宝玉石边缘棱角处可有少量光透过，隔着宝玉石已无法看见其背后的物体。

（5）不透明

基本上不容许光透过，光线被宝玉石全部吸收或反射。

图3-12　透明度（彩图13）

3. 影响宝玉石透明的因素

宝玉石的透明度取决于宝玉石对光的吸收因素。吸收因素越大，透明度越低。而吸收因素的大小则与宝石内部的晶格类型有关。不同的晶格类型具有不同的吸收因素，从而表现不同的透明度，金属晶格内部存在着大量的自由电子，自由电子的跃迁对光有明显的吸收，所以具有金属晶格的宝石矿物，如赤铁矿，透明度很低，几乎不透明。而原子晶格和离子晶格内，往往缺失自由电子，对光的吸收能力相对较弱，因此具有较高的透明度。钻石具有典型的原子晶格，可有很高的透明度。

此外，宝玉石的透明度还受厚度、自身颜色、颗粒结合方式、杂质、裂隙等因素的影响。

厚度对透明度的影响。同一品种不同厚度的宝玉石表现的透明度不同。厚度越大透明度越低。这是因为随着宝玉石厚度的增大，光在宝玉石中穿越的路程越长，宝石对光的吸收越大，也就是说入射光的光能消耗越大，宝石的透明度越弱。

颜色对透明度的影响。同一品种同一颜色系列的宝石，颜色越深，透明度越低，这是由颜色成因决定的。在晶体场中不同能级的电子跃迁可产生不同的颜色，而参与同一能级跃迁的电子数的多少则决定颜色的深浅，参与同一能级跃迁的电子数越多，对入射光能量消耗越多，宝石的颜色就越深，相应的透明度就越低。

杂质对透明度的影响。宝玉石中常含有一些细微的杂质，如晶体包体、气液包体或裂隙等。由于包体等杂质的折射率与主体宝石折射率的差异，入射光在包体与主体宝石的接触处发生折射、散射等。使通过宝石的光强度降低，从而使透明度降低。以乳石英为例，当无色透明的石英晶体中含有丰富的细小的气液包体时，这些细小的气液包体对入射光产生折射、散射，使原本透明的晶体呈现半透明的乳白色。

集合体结合方式对透明度的影响。宝石多为单晶矿物，而玉石则为单矿物集合体或多矿物集合体。同一种属的宝石矿物单晶体的透明度高于集合体的透明度，如无色纯净的水晶晶体清澈透明，而微粒石英的集合体即石英岩则表现为半透明至近不透明。这是因为当入射光进入矿物集合体时，光线在矿物集合体如玉石的透明度受其组成矿物粒度、颗粒边缘形态、颗粒边缘结合方式等因素的影响。矿物粒度越不均匀，排列越杂乱，颗粒边缘越不平直，则对光的折射、散射作用越强，透明度越低。这也是我们看到玉石材料很少有高透明度的原因。

透明度与颜色一样，是一种非常直观的现象，如果两者结合在一起，对识别和评价宝玉石更有意义。如软玉和岫玉在外貌十分相似，但两者在透明度上差异比较大，岫玉的透明度比软玉好，前者为半透明，后者为微透明。

四、折射率RI与双折射率DR

折射率RI和双折射率DR是宝玉石的主要的物理常数之一，是宝玉石种属鉴别的重要依据。是珠宝证书中必不可少的内容。

根据折射定律，宝石的折射率等于光在空气中的传播速度与光在宝石中的传播速率之比。它是反映宝石成分、晶体结构的主要常数之一。

$$RI= \frac{光在空气中的传播速度}{光在宝石中的传播速度} = \frac{\sin \alpha}{\sin \beta} > 1$$

每种宝石都有折射率（RI）或折射率范围，因折射率具有诊断意义，故折射率成为常规宝石检测的一项重要内容，可用折射仪来测定宝石的折射率。如钻石RI=2.42；水晶RI=1.544~1.553

1. 折射率

光的传播速度每秒为30万公里。可是光在射入宝石后，速度会减慢。科学家们将光在真空中的速度和透明物质（宝石就是一种透明物质）中的速度之比，规定为这种透明物质的折射率，用符号（RI）来表示。例如光在金刚石中的速度为每秒12.5万公里，故它的折射率为：

RI（金刚石）=30万公里/12.5万公里=2.4

即金刚石的折射率为2.4。

宝石是透明矿物，它们的折射率在1.4~2.9之间。由于不同的宝石折射率数值不同，我们就可以利用宝石的折射率识别宝石。使用现代化的仪器，能够快速准确地测出宝石的折射率数值，并且毫不损伤宝石。

2. 双折射率（DR）

有的宝石，可分为两大类，即"均质体"与"非均质体"。凡是不结晶的物质如玻璃，以及等轴晶系得宝石如金刚石、尖晶石等，都属于均质体；而其他六大晶系的宝石，都属于非均质体。

均质体的宝石，只有一个折射率，称为单折射宝石；而非均质体的宝石，都有两个或三个数值不同的折射率，这称为"双折射"。双折射的宝石，不管它是两个或是三个折射率，其中必定有一个最大的和一个最小的，这二者之差叫做双折射率。例如锆石，属四方晶系的非均质体，具有两个折射率，一个为1.985，另一个为1.92，二者之差为0.065，即锆石的双折射率为0.065。又如蓝宝石，也具有两个折射率，一个为1.760，另一个为1.768，双折射率为0.008。而金刚石属等轴晶系，为均质体，仅有一个折射率。

具有双折射的宝石，会产生一些特殊光学现象，这些现象可以作为识别宝石的依据并具有很大的用处。

五、光 泽

1. 光泽的定义及本质

宝玉石的光泽是指宝玉石表面反射光的能力。通常，光泽的强弱用反射率R来表示。反射率是指光垂直入射宝石光面时的强度（I_0）与反射光强度（I_γ）的比值，即$R=I_\gamma / I_0$。宝石反射率的大小主要取决于折射率（n）和吸收指数（K）。

对于不透明的宝石：$(n-I)^2$ 　　　$R=\dfrac{(n-I)_2+K_2}{(n+I)_2+K_2}$

对于透明的石英：$R=\dfrac{(n-I)_2}{(n+I)_2}$

一般而言，宝石折射率和吸收系数越大，光泽也就越强。通常用R值度量。

实际上，影响光泽的因素很多，而且很复杂。除上述所说的与吸收率和折射率有关外，还与宝石表面的抛光程度、集合体宝石矿物的组成矿物、结构、紧密程度等因素有关，如，一粒表面凹凸不平、抛光粗糙的宝石，会引起光的漫反射，使进入人眼的光减弱，因而表现出相对较弱的光泽。

2. 光泽分类

根据光泽的强弱可以将光泽分为金属光泽、半金属光泽、金刚光泽和玻璃光泽等。对于宝石矿物来讲，绝大部分为玻璃光泽，金属光泽和半金属光泽者极少。另外，由于反射光受到宝石矿物颜色、表面平坦程度、集合体结合方式等的影响，还可以产生一些特殊的光泽，如油脂光泽、树脂光泽、丝绢光泽等。

（1）金属光泽

金属光泽：RI >2.4，反光极强，一般不透明。如贵金属中金（Au）、银（Ag）、铂（Pt）；在宝玉石中很少出现。

（2）半金属光泽

半金属光泽的宝石矿物，表面呈弱金属般的光亮，一般不透明。如黑钨矿和铬铁矿。宝石中所见赤铁矿多为集合体，受颗粒结合形式的影响，光泽要低于赤铁矿单晶晶面的光泽。

（3）金刚光泽

RI在2~2.6，是非金属矿物中最强的一种光泽。由金刚石表面所显示的一种光泽类型，反光强，如同镜面。以钻石为代表。无色钻石之所以能成为宝石之王，很重要的一个因素是它具有极强的金刚光泽，在阳光下光芒四射，给人以光彩夺目、灿烂辉煌的感觉。

（4）亚金刚光泽：RI在1.90~2.00，介于金刚光泽与玻璃光泽之间。一种明亮的光泽，如锆石和立方氧化锆CZ。

（5）玻璃光泽

如同玻璃表面所反射的光泽，大多数宝石都具有玻璃光泽，RI在1.54~1.90。如祖母绿、水晶、托帕石、碧玺等。而RI在1.70~1.90的宝石光泽要更明亮，称强玻璃光泽，如红宝石，尖晶石等。

上面光泽等级的划分实际上是人的肉眼对反射光的一种视觉感知，它们往往与反射率、折射率之间没有一个截然的界限，相互之间可能存在一定程度的重叠。上面列出的数据也仅供参考。

由于矿物表面光滑程度和集合方式不同，会使光泽发生变化，形成一些特殊光泽，常见特殊光泽类型有：

（1）油脂光泽

在一些颜色较浅，具有玻璃光泽或金刚光泽的宝石的不平坦断面上或集合体颗粒表面所见到一种光泽。如石英晶面为玻璃光泽，断口可为油脂光泽，集合体的石英岩断口也为油脂光泽。另外，石榴石和磷灰石的断口也多为油脂光泽。

（2）树脂光泽

一些颜色为黄—黄褐色的宝石，断面上可以见到一种类似于松香等树脂所呈现的光泽。如琥珀，其断面上常见到树脂光泽，但当琥珀磨抛出一个非常好的平面时，可呈现一种近似的玻璃光泽。

（3）蜡状光泽

在一些透明—半透明玉石矿物的隐晶质或非晶质致密块体上，由于反射面不平坦，产生一种比油脂光泽暗些的光泽，如块状叶腊石的光泽。

（4）土状光泽

一些细分散的多孔隙的宝石矿物因对光的漫反射或散射而呈现一种暗淡的土状光泽，如风化程度较高的劣质绿松石。

（5）丝绢光泽

一些透明的原具玻璃光泽或金刚光泽的宝石矿物，当它们呈纤维状集合体的形式出现时，或一些具完全解理的矿物表面所见到的一种像蚕丝或丝织品那样的光泽，如虎睛石。

（6）珍珠光泽

在珍珠的表面或一些解理发育的浅色透明宝石矿物表面，所见到的一种柔和多彩的光泽，如珍珠。

3. 光泽在宝玉石鉴定中的应用

光泽是宝石的重要性质之一。在宝石的肉眼鉴定中，光泽可以提供一些重要的信息。如翡翠在玉石中其光泽是最强的，为油脂状玻璃光泽，反光强，是其他玉石所不能相比的。

经验丰富的鉴定人员，可以凭借光泽的特征将部分仿制品剔除或对不同的宝石品种进行初步的鉴定。如在斯里兰卡购买的一种混装宝石。其中主要的品种有尖晶石、锆石、石榴石，有经验者可以凭借锆石的亚金刚光泽而将锆石初选出来。如果鉴定者对粗糙的宝石断面有较深刻的认识，光泽可帮助鉴定未切割的宝石。可以利用放大镜来观察宝石的断面，玉髓、软玉等宝石其断面多具有油脂光泽。而绿柱石等单晶宝石的断面则多具玻璃光泽。光泽在宝石鉴定中的另一个应用是对拼合石的鉴定。在放大镜下观察拼合石的不同部位，往往显示不同的光泽。例如以玻璃为底、石榴石为顶的拼合石，由于石榴石的折射率较高，因而表现出强玻璃光泽。上下两部分光泽的差异足以引起鉴定者警惕。

虽然光泽可以作为宝石鉴定的依据之一，但是光泽不是绝对的鉴定依据，它需要与其他手段相配合，才能对宝石做出准确的鉴定。因为光泽除受自身因素影响之外，还会受到抛光程度等的影响。金刚光泽在宝石中是一种很强的光泽，但如果将一切切割和抛光不良的钻石与一块切割抛光都十分好的锆石放在一起，在近距离的明亮光线下观察，单凭光泽，即使是内行人也很难分得出来。

非均质宝石矿物晶体的光泽具有各向异性，相同单形的晶面表现相同的光泽，不同单形的晶面光泽略有差异。

六、色　散

当白色复合光通过具棱镜性质的材料时，棱镜将复合光分解而形式不同波长光谱的现象称为色散，它是由于光在同一介质中的传播速度随波长而异所造成的。白光是一种复色光，它由红、橙、黄、绿、青、蓝、紫等不同的单色光复合而成。当白光通过具有棱镜性质的材料时，由于不同波长的光在其中的传播速度不同，其折射率也会不同。因此当光线通过射入和射出棱镜材料经过两次折射后，就会把原来的白色光分散而形成不同波长的彩色光谱。

色散的强弱可以用色散值来表示。通常把材料对红光686.7nm和紫光430.8nm两束单色光的折射率值规定为材料的色散值。色散值越大色散越强，反之越弱，这两种波长的光分别为太阳光光谱中的G线和B线，根据色散值的大小，可将色散划分成不同的等级：极低（0.010以下），低（0.010~0.019），中高（0.020~0.029），高（0.030~0.059），极高（0.060以上）。

色散在宝石中有两种意义。其一可以作为宝石肉眼鉴定的特征之一，特别是在对无色或颜色较浅的宝石鉴定中起着较重要的作用。在一堆无色透明的宝石，如水晶、黄玉、绿柱石、玻璃、钻石中，有经验的宝石工作者可以根据钻石的高色散值（0.044）将钻石挑选出来，还可以根据不同的色散值，将钻石与锆石区分开来。其二，高色散值使宝石增添了无穷的魅力。无色的钻石之所以能成为宝石之王，很重要的原因之一便在于它的高色散值。当自然光照射到角度合适的钻石刻面时，会分解出光谱色。

刻面型宝石的色散作用使白光分解成形成五颜六色的闪烁光的现象，称为火彩。在钻石表面显示出一种五颜六色的火彩。

彩色宝石的色散往往被自身颜色所覆盖，而表现得不十分明显，但是高色散值同样为彩色宝石增添光彩。如绿色的翠榴石，由于具有很高的色散值（0.057），看上去比绿色玻璃还艳丽得多。

具有高色散的宝石有：锰铝榴石0.027，人造钇铝榴石0.028，锆石0.039，钻石0.044，翠榴石0.057，合成立方氧化锆0.065，人造钛酸锶0.19，合成金红石0.28。

影响宝石火彩的因素还有体色、净度和切工比例等。

七、多色性

用于描述某些双折射有色宝石中看到的不同颜色的现象。如红宝石多色性明显，而其他的红色宝石都不具备。

多色性是对非均质体有色宝石沿非光轴方向观察时，出现不同颜色或颜色深浅变化的现象。

产生的条件必须是非均质体和有色宝石，而均质体宝石和无色宝石不可能有多色性。差异选择吸收是造成多色性的原因。差异选择吸收：进入非均质体有色宝石的光被分解成两束偏振光，它们对宝石选择吸收的情况不同，其残余色在色调上或颜色上有差异。

多色性包括二色性和三色性。一轴晶宝石可以有二色性。如红宝石、蓝宝石、碧玺、祖母绿等；二轴晶宝石可以有三色性。如变石、坦桑石、红柱石。

二色性：当光线进入一轴晶有色宝石，沿非光轴方向分解成振动方向互相垂直两束偏振光线，光线呈现出两种不同或同一颜色不同色调的现象。如蓝宝石，在垂直光轴方向的颜色为深蓝色，而在平行光轴方向为浅蓝色或黄绿色。所以，宝石工匠常将台面做成与光轴垂直方向以显示最佳色调。

通常肉眼很难观察到多色性，一般是用二色镜来观测。多色性能帮助区分一轴晶和二轴晶宝石，检测宝石。如红宝石与其他红色宝石。同时，在加工时，也能确定宝石的最佳颜色。

宝石的多色性明显程度与宝石的性质有关，也与所观察的宝石的方向性有关。在平行光轴或平行光轴面的切面内，多色性表现最明显，垂直光轴的切面则不显多色性；其他方向的切面上的多色性的明显程度介于上述两者之间。

表3-2　　　　　　　　　　　　常见宝石的多色性

宝　石	多色性的明显程度	多色性的颜色
红宝石	强	二色性：淡橙红、红
蓝宝石	强	二色性：淡蓝绿、蓝
祖母绿	弱	二色性：淡蓝、玫瑰色
海蓝宝石	明显	二色性：无色、淡蓝紫
金绿宝石	强	三色性：绿、浅黄红、红
猫眼石	强	三色性：绿、浅黄红、红
变　石	强	三色性：绿、浅黄红、红
绿电气石	强	二色性：浅绿、深绿
红电气石	强	二色性：深红色、淡红色
蓝黄玉	明显	三色性：无色、粉红、蓝色
紫水晶	弱	二色性：浅紫、紫

八.亮 度

光线从宝石后刻面反射而导致的明亮程度。它与宝石的透明度、净度及抛光比例有密切关系。

宝石的亮度既取决于宝石的透明度，也取决于宝石的折射率（或者全反射的临界角）。

透明宝石被切磨成刻面型时，如果宝石的亭部刻面的角度合适，使入射的光线在亭部刻面上产生全反射，并从冠部反射出来，使宝石看上去非常明亮。如果切磨的角度不当，光线逸失，导致宝石的亮度降低。

高折射率的宝石具有较小的临界角，能够产生更多的全反射，宝石的亮光好，如钻石折射率值高达2.417，正确的加工比例可以使钻石不漏光，而格外明亮。而低折射率的宝石，临界角较大，即使切磨得当，也很难做到不漏光，其亮光不如钻石等高 折射率的宝石。

因此，宝石的亮度与宝石本身的折射率高低有关，也与宝石琢型具有正确的切工参数有关。折射率值越高，切工参数越正确，越透明度、宝石的亮度就越好。

九、特殊光学效应

特殊光学性质由于光的反射、折射、干涉等造成的光学现象。如猫眼、星光、变彩、变色、砂金效应等，从而增加了宝玉石的美感，提高了自身的价值

图3-13　特殊光学效应（彩图14）

1.猫眼效应

弧面型宝石在光的照射下，表面会呈现出一条闪亮的光带，犹如猫的眼睛，且随光源的移动而移动。造成的原因是内部有一组密集排列包体，如金绿宝石。

图3-14　金绿宝石猫眼（彩图15）

产生猫眼效应的宝石必须具备三个条件：

（1）一组密集的定向排列包裹体或结构。

（2）弧面型宝石的底面与包裹体所在平面平行

（3）弧面型宝石的高度与反射光焦点平面高度相一致。

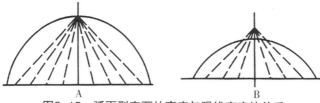

图3-15　弧面型宝石的高度与眼线宽度的关系

具有猫眼效应的宝石很多，在名称上只有具猫眼效应的金绿宝石可直呼猫眼效石，而其他具猫眼效应的宝石，均需加上宝石的名称。如海蓝宝石猫眼、电气石猫眼、磷灰石猫眼、石英猫眼、人造玻璃猫眼等。

猫眼效应要用平行光照射才能观察得最好。在猫眼评价：眼线是否窄细、明亮；游动是否灵活；是否居中。

2. 星光效应

弧面型宝石在光的照射下，其表面出现呈放射状闪动的亮带，如同天空中闪烁星星。如红宝石、蓝宝石。产生机理：同猫眼效应的形成机理，所不同的是含有两组或两组以上的定向包裹体或定向结构。

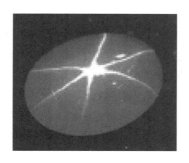

图3-16　星光效应（彩图16）

产生星光效应的宝石必须具备三个条件：

（1）两组或两组以上密集的、定向排列包裹体或结构。

（2）弧面型宝石的底面与包裹体所在平面平行。

（3）弧面型宝石的高度与反射光焦点平面高度相一致。

当存在两组相交包裹体或结构时，产生四射星光；当存在三组以60度相交包裹体或结构时，产生六射星光；当存在两套三组相交包裹体或结构时，产生十二射星光，这种情况少见。以刚玉为例，其内部有三组相交120度细而短的金红石针包体，当切割成弧面型宝石时，底面与金红石针包裹体所在平面平行时，便产生六射星光。

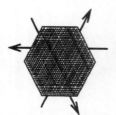 

图3-17　星光效应的产生与两组以上定向排列的针管状包体和加工方向有关

天然星光宝石特征是：星线发散，不对称，有断腿和宝光，底面多不抛光，可见色带。而合成的星光宝石特征是清晰明亮，星线规则，居中，无断腿和宝光，底面一般要抛光，可见弯曲生长纹。

3. 变彩效应

光从贵欧泊所特有的内部结构中反射时，由于光干涉或衍射作用而产生颜色或一系列颜色。并随着光源的移动而变化。

 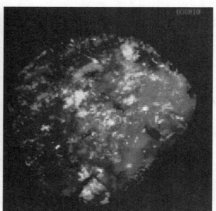

图3-18　变彩效应（彩图17）

产生机理：

欧泊的化学成分为$SiO_2 \cdot nH_2O$，在其结构中SiO_2为近于等大的球体在空间作规则排列，球体之间由含水的SiO_2胶体充填，胶体与球体之间有微小的折射率差异，球体直径与球体之间的孔隙直径近于相等，为150~300nm。这样，欧泊的结构就形成了最典型的天然三维光栅，使入射光发生干涉作用。当转动宝石，即改变入射光角度时，衍射所呈现的颜色亦随之改变，即发生变彩。衍射所呈现的颜色与SiO_2球体大小有关，若球体较小，其内部界面的间距与紫光和蓝光的波长相当，则显现蓝色；若球体较大时，可能产生从紫到红的全色段之颜色。

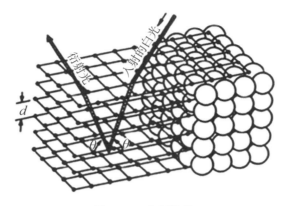

图3-19　变彩的成因

　　变彩的评价：色彩是否鲜艳、丰富；色斑分布的面积；基底的深浅。
　　除贵蛋白石外，拉长石也会具备变彩现象。

4. 变色效应

　　在不同光源照射下宝石会出现不同颜色的现象。如变石，白光下呈红色，日光下呈绿色。

图3-20　变石的变色效应（彩图18）

　　产生的条件：是变石的可见光吸收光谱中存在着两个明显相间分布的色光透过带，而其余色光均被较强吸收。例如：变石有两个透光区，一个是绿光区，一个是红光区。由于日光中绿光偏多，所以日光下变石呈现绿色；而白炽灯中红色光偏多，所以白炽灯下变石呈现红色。因此有"白昼里的祖母绿，黑夜中的红宝石"之称。具变彩效应者除变石外，还有哥伦比亚产蓝宝石，泰国产绿色蓝宝石及人造尖晶石变石、人造刚玉宝石及人造玻璃变石等。

5. 月光效应

在月光石中存在有折射率不同的钾长石和钠长石薄片互层平行发生的超细微结构引起光的散射、漫反射作用，形成朦胧状的蔚蓝色，即在乳白色的底色中，飘动着一点点微弱的蓝色，如同皎洁的月光，故名月光效应。当互层太厚时，泛为白光，价值与泛蓝光差距很大。

6. 砂金效应

光从宝石材料所含规则或不规则的片状矿物或云母小片以及铜片等反射而产生的闪烁效应。最常见是东陵石和砂金玻璃（金星石）。

第三节　宝玉石的其他物理性质

一、发光性

1. 发光性

宝玉石在外来能量的激发下，发出可见光的性质称发光性。

外来能量如摩擦、加热、阴极射线、紫外线、X射线等都能使某些矿物发光。

宝玉石的发光性与晶体结构中的缺陷及杂质有密切的联系，能够引起发光的晶格缺陷及杂质称为激活剂。发光性是宝玉石的鉴别特征之一。在宝玉石学中经常遇到是紫外线激发的荧光和磷光。

2. 荧　光

是指宝玉石矿物在外来能量的激发时发光，激发源撤除后，发光立即停止，这种发光现象称为荧光。如红宝石在紫外光源照射下均可发红色荧光，而红色石榴石无荧光。

可见光、紫外光、X射线都可能使某些矿物激发荧光。在宝石学中，除非专门注明，否则就是指紫外光下的荧光。

紫外光被广泛应用于揭示宝石的荧光现象。紫外光（紫外线）是在电磁波谱中位于可见光和X射线之间。波长范围在 400~10nm 之间，通常在200~400nm，（200nm 以下被空气吸收）。

其常用紫外线的波长由两种，分别为253.7nm和365.4nm，相应地称为短波紫外线（SWUV）和长波紫外线（LWUV）。宝玉石在紫外线辐射下，以产生荧光为主。

3. 磷　光

激发源撤除后，宝石仍能在较短的一定时间内继续发出可见光。称为磷光。

如欧泊在UV下为白色荧光，并有磷光。

宝玉石的发光性可用来鉴定宝石，在宝石鉴定中为一种辅助鉴定方法。其中最快速、最方便、最经济的仪器为紫外荧光仪。

宝玉石的紫外荧光检测可帮助识别合成宝石、处理宝石。例如天然蓝宝石无荧光，合成蓝宝石有微弱荧光；翡翠没有荧光，有强荧光的翡翠一定经过处理；群镶钻石LW下发出的荧光强度和荧光的颜色有差异，而群镶钻石仿制品的荧光颜色和强弱较为均匀。

二、电学性质

宝石的电学性质与宝石的晶体化学结构有关，具电学效应的仅有少数几种宝石。

1. 导电性

在宝石的两端加上电压时，有电流通过，称之为导电性。

能导电的宝石有赤铁矿、人造金红石和天然蓝色钻石。尤其是天然蓝色钻石的半导体性，与微量硼元素有关，对钻石的鉴别十分有利。而辐射改色蓝钻石的颜色是由色心造成的，故没有半导体性。可以用这个特点来区别天然蓝色钻石和改色蓝钻石。

2. 热电效应

具热电效应的宝石有电气石。当给电气石加热时，就会在晶轴的两端产生电压或电荷。这就是电气石为何因阳光或灯光照射时，加热后有吸尘现象的原因。

3. 静电性

将琥珀和其他塑料制品用力摩擦，其表面能产生静电电荷，可以吸起小纸片。用这种特性可以快速鉴别琥珀和塑料制品。

三、宝石的热学性质

宝石的热学性质与晶体化学结构有关。宝石对热的传导本领称热导性。即热量通过宝石由热的部分向冷的部分传导，一般用热导率表示。热导率是以穿过给定厚度的材料，并使该材料升高一定温度所需要的能量度量的。热导率的测量单位是卡/厘米·秒·度。实测热导率手续繁杂，宝石学界用相对热导率法来分辨钻石及其赝品，据Hoover博士研究成果，以尖晶石的热导率为1做基准，测试的相对热导率值看，钻石热导率较各种宝石均高数十倍，故使用热导性来鉴别钻石是最佳方法。

第四章　宝玉石内含物

　　宝玉石中的内含物是在宝石生长的环境中形成的，可以反映宝石的成因，在宝石的鉴定中起着重要的作用，是区分天然与合成、优化处理宝石的重要特征。

第一节　概　述

一、基本概念

　　宝石的内含物（包裹体）是指宝石在生长过程中，所形成的各种内部特征。有狭义和广义之分。

　　狭义的内含物是指宝石内部的固相、液相和气相物质。

图4-1　宝石内部的固相、液相和气相物质（彩图19）

　　广义的内含物是指除宝石内部的固相、液相和气相物质外，还包括各种生长现象和表面特征。生长现象主要指生长带、色带、双晶纹等。表面特征如裂隙、解理、晶面蚀象等。

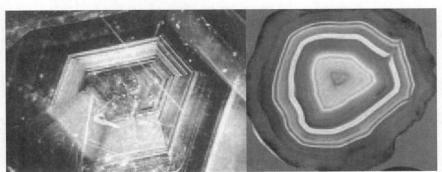

图4-2　六边形生长纹（彩图20）　　　　图4-3　色　带（彩图21）

图4-4 钻石的晶面蚀象（彩图22） 图4-5 刻面棱重影（彩图23）

二、研究意义

1. 有助于鉴定宝石种

有的内含物宝石鉴定具有诊断性。如翠榴石中含有典型的"马尾丝状"（纤维状石棉）包裹体、尖晶石八面体晶体包体、橄榄石中的睡莲叶状包体、月光石中常见"蜈蚣"状包体、红宝石内三组金红石针呈现出120°或60°夹角等具有特征的鉴定意义。

图4-6 马尾丝状（彩图24） 图4-7 八面体晶体包体（彩图25） 图4-8 睡莲叶状包体（彩图26）

2. 区分天然与合成宝石

如合成红、蓝宝石中气泡、弯曲生长纹可与天然红、蓝宝石区别；水热法合成祖母绿中钉状包体可与天然祖母绿区别。

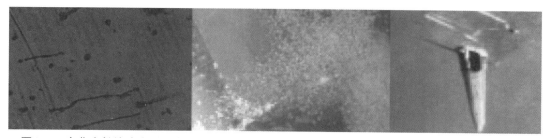

图4-9 弯曲生长纹（彩图27） 图4-10 气 泡（彩图28） 图4-11 钉状包体（彩图29）

3. 检测某些人工优化处理的宝石

宝石优化处理方法很多，每个宝石可以由几种方法对其颜色、外观进行改造，在进行这些改造的同时，会造成新的内含物特征，给鉴定提供依据。如翡翠A货与B货的鉴别可利用表面的龟裂纹或酸蚀凹坑来区分。

4. 宝石质量和价格的评价

内含物的多少，颜色的深浅，颗粒大小，分布状况对宝石质量起着很重要的作用。根据内含物的特征，可以帮助判定宝石质量的高低。

5. 了解宝石形成的环境

通过内含物的研究，可以帮助了解宝石形成的环境，如生长温度、压力、介质成分等，还以通过对内含物的同位素年龄测定了解宝石形成的地质年代。

6. 鉴别宝石的产地

不同产地的红宝石、蓝宝石、祖母绿等宝石由于形成于各不相同的地质环境，各不相同的形成条件，常常具有特征的、具有产地意义的内含物，据此可以识别已经切磨的宝石的产地。如哥伦比亚祖母绿中气、液、固三相包体、印度祖母绿逗号状包体。

7. 指导加工

根据内含物在宝石中所处的位置、数量、大小和分布状态等特点来指导加工，确定加工款式，展示特殊光学效应，保证所加工出的宝石能产生最大的价值。

三、研究方法

内含物是宝石研究中不可缺少的内容，通常是利用放大观察来检查内含物的存在，最好的检测方法是利用显微镜和放大镜来观察。

第二节　内含物的分类

宝石中的内含物，可以根据它们形成的成因、时间、相态形态以及与寄宿宿主宝石矿物的不同而进行分类。

一、成因分类

按包裹体形成的时间分为：原生包裹体、同生包裹体和后生包裹体三类。

1. 原生包裹体

是指在主矿物生长过程中形成的包裹体，比寄主晶体先形成。原生包裹体形状一般具有规则性，形态好。如金刚石中和尖晶石中八面体晶体，橄榄石中的铬铁矿。

2. 同生包裹体

是与寄主晶体同时形成的包裹体。可以是固态，也可以是各种组合的固体、液体和气体的孔洞。如翠榴石中"马尾丝状"、哥伦比亚祖母绿中气、液、固三相包体、红蓝宝石中的指纹状包体、橄榄石中的睡莲叶状包体。

3. 后生包裹体

是在寄主晶体停止生长之后形成的包裹体，主要分布在晶体的后生裂隙中。

二、根据内含物形成的形态

分为：固相、液相和气相。

三、按相态分类

1. 单相包裹体

呈单一状态出现，可以单一出现，也可成群出现。

（1）单气：气泡，天然宝石中只有琥珀和天然玻璃才有，熔焰法合成的宝石可见气泡。

（2）单液：在天然宝石中经常出现。如黄玉中液态包体和蓝宝石指纹状包体。

（3）单固：在各种天然宝石中有大量单一的固相包体，品种丰富。而在合成宝石晶体少，品种单一，大量以粉末状，如合成祖母绿中的硅铍石晶体，合成水晶中的面包渣状包裹体。

2. 多相包裹体

分为两相和三相包体。

（1）两相包裹体：如托帕石、蓝宝石中气液包体；气固两相包体在天然宝石中少见，合成宝石中常见。如助熔剂法合成宝石中的愈合裂隙。

（2）三相包裹体主要是气、液、固三相包体，如哥伦比亚祖母绿中气、液、固三相包体，圆形或长而尖形空洞中，含有气泡和岩盐晶体，晶体呈四方形或菱形。

四、其他内含物的特征

1. 颜色分布

（1）反映宝石内部结构或成分变化的物理性质的颜色分布，可作为鉴定宝石种。如红蓝宝石中的六边或直线生长色带和碧玺中球面三角形生长色带。

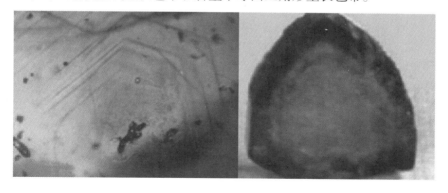

图4-12　颜色分布（彩图30）

（2）反映颜色成因和鉴别优化处理颜色：染色的宝石颜色集中在近表面裂隙和颗

粒边界，如C货翡翠和染色石英岩。扩散处理宝石常见沿裂隙浓集的颜色，熔化成球体的晶体包体带有深蓝色的"色边"等特征。

2. 表面特征

主要生长纹、双晶纹、解理、蚀象、表面划痕、破损、刻面棱重影。

表4-1   **常见天然宝石的特征包裹体**

宝石种		特征包裹体
钻石		铬透辉石、橄榄石、石榴石、八面体钻石晶体等，三角蚀象
刚玉	红宝石	三组金红石针、晶体包体、羽状裂隙、双晶纹、六边色带
	蓝宝石	金红石针、晶体包体、六边色带、指纹状液态、羽状包体等。
绿柱石	祖母绿	多相包裹体、晶体包体、裂纹等
	海蓝宝石	"雨状"包体、两相包裹体
水晶		晶体包体、气液包体（絮状物）、裂隙等
橄榄石		"水百合"（睡莲叶状）包体、晶体包体
黄玉		含两种不混溶液体液态包体、气液两相包裹体
电气石		各相态包裹体，管状包体、色带
尖晶石		小八面体包裹体、各种固相、液相包裹体
锆石		液态和黑色固态包裹体、刻面棱双影线、纸蚀现象
月光石		"蜈蚣"状包裹体
欧泊		不规则色斑
铁铝榴石		晶体包体、典型的金红石针状包体
镁铝榴石		浑圆状晶体、针状金红石
锰铝榴石		液滴状包体，它们往往具有特征的切碎状外观
翠榴石		放射纤维状石棉集合体组成，"马尾状"
铁钙铝榴石		大量的圆形晶体（糖浆状）
水钙铝榴石		细粒和通常无定形状的黑色不透明磁铁矿

第三节   内含物的鉴定方法

一、肉眼及10×放大镜下观察

10倍放大镜，珠宝鉴定专业人士必备仪器之一，是最常用、最简单的宝石鉴定工具，主要用于宝石表面特征及内部特征的观察。

1. 观察宝石的表面特征

（1）有关宝石性质的特征：光泽、刻面棱的尖锐程度、表面平滑程度、原始晶面、蚀象、解理、断口特征等。

（2）宝石加工质量的特征：划痕、破损、抛光、形状和对称性等。

（3）色带

宝石中典型的色带可帮助鉴定。如蓝宝中的六方生长色带，碧玺中的球面三角形色带，玛瑙中的同心环色带等。

2. 大型的特征包裹体

如水晶中的黄铁矿、发晶中的金红石针、东陵石中的铬云母片、日光石中的赤铁矿片、玛瑙中的"水胆"、琥珀中的昆虫等。

3. 解理和裂理

解理和裂理较发育的宝石，阶梯状断口和平整裂隙面有助于区分宝石。例如红宝石和蓝宝石通常有较发育的裂理，以及由裂理裂隙形成的愈合裂隙，助熔剂合成的红、蓝宝石没有裂理，只出现面纱状的愈合裂隙。

4. 充填裂隙

充填裂隙有各种特征，祖母绿的充油和充胶裂隙、钻石和红宝石的玻璃充填裂隙往往都有闪光效应，以及充填物中的气泡等。

二、宝石显微镜观察

大多数宝石的内含物的识别是在宝石显微镜下进行的，宝石显微镜的放大倍率可从10倍至70倍之间。通过放大观察宝石的内含物和表面特征，可以区分天然宝石、合成宝石及仿制宝石。观察宝石内部特征：内含物的种类、形态、数量、双晶面、生长纹、颜色色形分布特点等，对含有特殊内含物的宝石具有鉴定意义。

显微镜观察内含物有以下几种照明方式：

1. 暗域照明

内含物在深色的背景下明亮可见，易于观察，对包裹体分布特征的观察特别有用。

2. 透射光

在透射光下易于观察气液包体，对包裹体的细节 观察更为有效。

3. 斜向/侧光照明

检测不透明宝石材料，也可检测充填裂隙的闪光现象。

4. 顶光照明/针点照明

检测半透明宝石的近表面 的内含物特征和表面的特征。

5. 油浸法

将宝石材料浸入浸液中，排除表面反射 、折射以及全反射的干扰，可以更清晰地观察宝石的内部。

第五章　宝玉石矿床

第一节　概　述

宝玉石是一类特殊的矿物或岩石。由于它们形成的地质条件比较复杂，因此在地壳中的含量一般很少。

在地球科学领域，矿床是指在各种地质作用下，如岩浆活动、火山活动、热液活动、地下水活动、风化、淋滤、搬运、沉积及变质作用等，在地壳表层和内部形成的并在现有技术和经济条件下，其质和量符合开采利用要求的有用矿物质的集合体。如大家熟知的金矿、铜矿、铁矿等金属矿床以及石油、天然气等有机矿床。

宝玉石矿床是指由地质作用形成的质和量达到经济要求并具有开采条件的宝玉石矿物或岩石的聚集的地段。在整个矿床学中只占较小一部分。可以是不同类型、不同规模的矿物晶体或岩石。如钻石矿床、水晶矿床和翡翠矿床等。

一、矿床相关的基本概念

1. 围岩和成矿母岩

围岩是指位于矿床周围的岩石或紧靠矿体两侧的岩石。成矿母岩是指对一个矿床的形成提供成矿物质来源或与成矿作用直接有关的岩石。有些矿床，矿体的围岩就是母岩，如伟晶岩，因为伟晶岩中矿体的形成正是由这些伟晶岩体提供成矿物质的。另一些矿床，矿体的围岩并非母岩，如砂矿，因为砂矿中的重矿物是从远处搬运来的，而不是来自砂矿层的顶底岩石。

2. 矿石、脉石和矿石品位

矿石指产于宝石矿床中的有价值的部分通常被称作矿石。矿石是指在现有的技术和经济条件下，能够从中提取有用组分（元素、化合物或矿物）的自然矿物集合体。

脉石是指矿床中与矿石相伴生的非矿石部分，如矿体中所含的围岩角砾或低矿化的围岩残余等。它们通常在采矿或选矿过程中被废弃。显然，宝石矿床中矿石含量越高就越好，而脉石含量越高就越差，为了有效衡量和对比这些差异，通常使用"品位"这一概念。矿石品位是指矿石中有用组分的含量，矿种不同，矿石品位的表示方法也不同。大多数金属矿石，如铜、铅等矿石，品位以金属含量（重量）百分比表示，也有些以其中氧化物的重量百分比表示；非金属矿物原料的品位，大都是以其中有用矿物或化合物的重量百分比表示；如原生钻石矿的品位以克拉/吨或毫克/吨来计量；砂矿品位一般以每立方米中含有用矿物的重量（ g/m^3 或 kg/m^3 ）来计量。 如钻石砂矿则以 ct/m^3 或 mg/m^3 来计量。

3. 矿体的产状和形状

矿体是指赋存于地壳中，具有各种几何形态及产状的矿石自然聚集体。矿体的圈定受一定工业指标的限定。矿体是矿床的基本组成单位，是矿山开采的对象。矿体是一个具体的地质体，因而有一定的大小、形态和产状。一个矿床可以是一个矿体，也可以由一个以上的大小不等的矿体组成。

矿体产状是指矿体产出的空间位置和地质环境。包括：矿体的走向、倾向、倾角、侧伏角、倾伏角；矿体的埋藏情况（出露或隐伏）和埋藏深度；矿体与围岩、构造的空间关系等。

矿体形状是指矿体的外形。通常按三度空间长度比例划分或描述为：

等轴状矿体（矿瘤、矿巢、矿囊、透镜状矿体）、板状矿体（矿层、矿脉）、柱状矿体（矿柱、矿筒）、另有一些复杂形状如网脉状的矿体等。

4. 岩石的结构和构造

岩石是在各种地质作用下，按一定方式结合而成的矿物集合体，它是构成地壳及地幔的主要物质。有些岩石主要是由一种矿物组成，但更多的岩石是由几种矿物组成。如大理岩主要是由方解石组成，而花岗岩是由石英、长石、黑云母等矿物组成；岩石是地球发展的产物。玉石就是岩石的一种类型。岩石按成因可分为：火成岩、沉积岩和变质岩三大类。

火成岩即岩浆岩，是由岩浆在地下或喷出地表后冷却凝结而成的岩石。常分为喷出岩和侵入岩。 由于岩浆固结时的化学成分、温度、压力及冷却速度不同，可形成各种不同的岩石。

图 5-1　火成岩（彩图31）

图 5-2　沉积岩（彩图32）

沉积岩是在地表或接近地表由成层堆积的疏松沉积物经固结形成的岩石。这些沉积物是包括沉积于陆地或海洋中的岩石矿物碎屑、胶体和有机物质等，是形成沉积岩的物质基础。沉积岩是在地壳发展过程中，在外力作用支配下，形成于地表附近的自然历史产物。沉积岩的物质组成与岩浆岩最不相同之处是富含次生矿物和有机物质以及存在化石。沉积岩的产状以呈层状产出为其最突出的特点。

图 5-3 变质岩（彩图33）

变质岩：是由火成岩或沉积岩在较高的温度和压力条件下经过变化改造而成的岩石。例如，长期处于高温高压下的石灰石在形成大理岩，有时可能含有红宝石。变质岩的岩性特征，一方面受原岩的控制，具有一定的继承性；另一方面，由于经受了不同的变质作用，在矿物成分和结构、构造上具有其特征性。

岩石中矿物的结晶程度、颗粒大小和形状以及颗粒间相互关系的特征，称为岩石的结构。岩石中矿物的组合形状、大小和空间上相互关系和配合方式，称为岩石的构造。结构和构造是识别岩石的重要特征之一。

二、宝玉石矿床的成因

元素在地壳和上地幔中含量不是固定不变的，它们总是处在不断的运动状态中，从而导致元素的相对分散和集中。在地球的变化过程中，分散在地壳和上地幔中的化学元素，在一定的地质环境中相对富集而形成矿床。其实宝玉石矿床的形成过程是整个地质作用的一部分，它涉及物质来源、成矿环境及成矿作用等各种地质因素。这些因素在宝玉石矿床的形成过程中是密切联系的，其中成矿物质来源是形成宝玉石矿床的基础和前提。

环境是外界条件，是指综合的地质—物理化学环境，除了温度、压力外，还包括地层、岩石、构造以及pH及Eh值等，在外生矿床中还应包括气候、地理等因素。在这三个因素中，成矿作用是划分矿床成因类型的主要依据，因为不管物质来源如何，宝玉石矿床总是要通过一定的成矿作用才能形成。成矿作用包括内生成矿作用、外生成矿作用和变质成矿作用三大类。

内生成矿作用是由地球内部热能，如放射性元素的蜕变能、地幔及岩浆物质的热能等，在地壳不同深度、不同压力、不同温度和不同地质构造条件下进行的能够导致形成宝玉石矿床的各种地质作用，它包括岩浆成矿作用、伟晶岩成矿作用、热液成矿作用与接触交代成矿作用。

外生成矿作用主要指在太阳能的影响下，在岩石圈上部、水圈、大气圈、生物圈的相互作用过程中，导致在地壳表层形成宝石矿床的各种地质作用。外生成矿作用基本上是在常温、常压条件下进行的。它包括风化成矿作用、沉积成矿作用、生物成矿作用等。

变质成矿作用是指内生作用或外生作用中形成的岩石或矿床，由于地质环境的改变，特别是经过深埋或其他热动力事件，它们的矿物成分、化学成分、物理性质以及结构构造等都发生改变，甚至可以使原来的矿床消失（特别是盐类矿床），也可以产生某种有用矿物的富集而形成新矿床，或者使原来的矿床经受强烈的改造成为另一种工艺性质的矿床，从本质上看，变质作用是内生成矿作用的一种。

第二节　宝玉石矿床的分类

　　按照宝玉石矿床的成矿作用（成因）不同而对矿床类型进行划分，在具体分类中，一级划分是和三大类地质作用即内生成矿作用、外生成矿作用、变质成矿作用相对应的；二级划分是按照在一定地质环境下的主要成矿作用系列来划分的，如岩浆矿床、热液矿床等；三级划分则是由于各类矿床形成环境的复杂性和成矿方式的多样性，包括矿床的主要特征和标志、成矿方式、成矿环境等。

表5-1　　　　　　　　　　　　　　宝玉石矿床成因分类表

成因类型		宝玉石种类	典型矿床产地
内生矿床	岩浆岩型矿床	金刚石、镁铝榴石、蓝宝石、红宝石、橄榄石、锆石、变彩拉长石	南非金伯利，澳大利亚、中国辽宁、山东、海南与福建，泰国
	伟晶岩宝石矿床	电气石、绿柱石、祖母绿、铁铝榴石、黄玉、紫水晶、黄水晶、芙蓉石、天河石、海蓝宝石、金绿宝石	中国阿尔泰、云南、湖南，苏联乌拉尔，巴西，美国北卡罗莱纳州
	接触交代宝石矿床	海蓝宝石、黄玉、橄榄石、翠榴石、红宝石、蓝宝石、尖晶石、铁铝榴石、水晶、翡翠、软玉、独山玉、青金石、	中国新疆、缅甸、泰国、斯里兰卡、苏联乌拉尔、津巴尔韦
	热液宝石矿床	紫水晶、玛瑙、黄玉、欧泊、祖母绿	巴西、哥伦比亚
	变质宝石矿床	铁铝榴石、红宝石、蓝宝石、月光石、十字石、蓝晶石、碧玉、硅化木、蔷薇辉石	斯里兰卡、芬兰、美国、乌拉尔、澳大利亚
	火山成因宝石矿床	紫水晶、玛瑙、鸡血石、叶蜡石玉、独山玉	美国、澳大利亚、中国
外生矿床	生物沉积宝石矿床	各种观赏石、珊瑚、琥珀、煤精、珍珠、贝壳	中国、澳大利亚、波斯湾、地中海、南洋
	风化宝石矿床	绿松石、孔雀石、绿玉髓、欧泊	中国湖北、广东，美国、澳大利亚、伊朗
	砂矿宝石矿床	金刚石、红宝石、蓝宝石、尖晶石、锆石、翡翠、软玉、绿柱石、石榴石等	

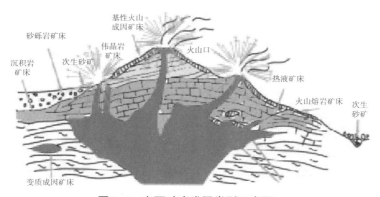

图5-4　宝石矿床成因类型示意图

一、内生矿床

是指它的能源来自地球内部，与岩浆活动有关，是在地球不同深度的压力和温度作用下完成的。按照其物理化学条件的不同，可分为岩浆成矿作用、伟晶成矿作用、热液成矿作用和变质成矿作用等，形成的矿床类型包括岩浆岩型、伟晶岩型、热液型和变质岩型。

1. 岩浆岩型矿床

岩浆矿床是由各类岩浆在地壳深处，经过分异作用和结晶作用，使分散在岩浆中的成矿物质聚集而形成的矿床。不同的岩浆岩常产生不同的岩浆矿床。如与金伯利岩有关的金刚石（钻石）矿床，与玄武岩有关的橄榄石、蓝宝石矿床等。

2. 伟晶岩型矿床

伟晶岩是一种矿物颗粒结晶粗大的，具有一定内部构造特征的，常呈不规则岩墙、岩脉或透镜体产出的地质体。当伟晶岩中的有用矿或组分富集并达到工业要求时，便成为伟晶岩矿床。具有经济价值的伟晶岩主要为花岗伟晶岩，少数为碱性伟晶岩。花岗伟晶岩主要由长石、石英和云母组成，矿物颗粒粗大，晶形完好。除经常富集含稀有、稀土元素的矿物外，也有许多其他宝石矿物，是许多宝石的重要来源。如水晶、海蓝宝石、托帕石、碧玺、磷灰石等。

图5-5　花岗伟晶岩中的海蓝宝石（彩图34）

3. 热液型矿床

是指由各种来源的含矿热溶液（岩浆水、变质水、受热的地下水）所形成的矿床。当热液在岩石裂隙、孔隙中流动时，由于温度、压力的变化及与围岩的相互作用，使某些矿物质得以富集成矿。按成矿温度，可将热液矿床划分为高温热液矿床（300 ~ 500 ℃）、中温热液矿床（200 ~ 300 ℃）和低温热液矿床（50 ~ 200 ℃）。与热液成矿有关的有多种金属、非金属和宝石矿产，如哥伦比亚祖母绿矿床就是典型的低温热液矿床。

图5-6　哥伦比亚祖母绿矿床（彩图35）

二、外生矿床

主要是在太阳能影响下，在岩石圈上部、水圈、气圈和生物圈的相互作用过程中，导致元素集中，从而形成矿床的作用。外生成矿作用可分为风化矿床和沉积矿床两大类。外生成矿作用对宝石矿床而言，意义十分重大。

1. 风化矿床

系指陆表层在风化作用下形成的，质和量都能满足工业要求的有用矿物堆积的地质体。它们埋藏浅，便于露天开采。按形成作用和地质特点，可进一步划分为残积—坡积砂矿、残余矿床和淋积矿床。如欧泊、绿松石、孔雀石等都属于淋滤矿床。

2. 砂矿床

原生宝玉石或岩石风化后，经流水、风或冰川等地质作用的搬运，按颗粒大小，相对密度和化学稳定性进行分选、沉积形成的矿床。砂矿床易开采、成本低，是目前开采宝石的一个重要矿床类型。

砂矿按成因和堆积地貌条件可分为残积砂矿、坡积砂矿、洪积砂矿、冲积砂矿、海滩砂矿以及风积砂矿、冰积砂矿等。按所含有用矿物可分为金刚石（钻石）砂矿、红宝石砂矿、蓝宝石砂矿、砂锡矿等。按形成时代可划分为现代砂矿

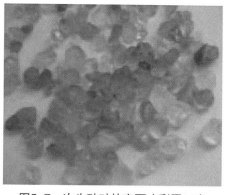

图5-7 次生砂矿的宝石（彩图36）

和古代砂矿。现代砂矿是第四纪以来形成的，为松散堆积物，不需破碎，便于开采；古代砂矿是第三纪及以前形成的，已成岩固结，有的还经受了变质作用，开采难度较大。许多宝石矿产与砂矿有关，如钻石、红宝石、蓝宝石、水晶、翡翠、尖晶石等。

三、有机宝石矿床

有机宝石矿床是一种特殊的形式，主要包括珍珠、珊瑚、琥珀、象牙等，它们是古代和现代生物残体堆积而成，或是生物活动形成。

四、变质矿床

由外生作用或内生作用形成的岩石或矿石，由于地质环境的改变，温度和压力的增加，它们的矿物成分、化学成分、物理性质以及结构构造等，都要发生变化；同时在变化的过程中，还会使原来的物质成分发生强烈的改造或活化转移，并在新的条件下富集。由这种作用形成的矿床就称为变质矿床。变质矿床的特点就是岩石或矿床经受变质作用后，所产生的多方面变化。

包括接触变质作用、接触交代变质作用和区域变质作用，这类矿床统称变质矿床。

（1）接触交代变质作用常形成的宝石矿床有：石榴子石、尖晶石、水晶、紫晶、青金岩、蓝宝石、软玉、蔷薇辉石等。

（2）区域变质作用常形成岫玉、软玉等玉石矿床以及石榴石、红宝石、蓝宝石、透辉石、坦桑石等单晶体宝石矿床。

五、典型宝石矿床简介

（一）金刚石（钻石）矿床

常见的钻石矿床可以分为原生矿床和次生矿床。原生钻石矿床属于岩浆型矿床，而次生钻石矿床根据砂矿的形成时期，可将其划分为古代砂床和现代砂矿两种类型。

古代砂矿主要是指在第四纪以前形成的砂矿床，沉积物已经固结。现代砂矿是指第四纪以来形成的砂矿床，沉积物未固结。

1. 原生钻石矿床

原生金刚石主要有金伯利岩型和钾镁煌斑岩型两种类型。

（1）金伯利岩型的金刚石矿床

中国的辽宁和山东、南非、扎伊尔、安哥拉、博茨瓦纳、坦桑尼亚、俄罗斯等地区的金刚石矿床均产于金伯利岩中。金伯利岩是一种偏碱性、富含挥发分的浅成—超浅成的超基性岩类，在成因上和空间上与金伯利岩有关，常呈岩筒（管）、岩脉产于前寒武纪地台区，并与深大断裂有关。岩石具有斑状结构，块状或角砾状构造。斑晶主要为橄榄石（大部分蚀变成蛇纹石）、金云母，次为镁铝榴石、铬尖晶石、单斜辉石及钛铁矿。基质为细粒的蛇纹石、碳酸盐、滑石、磷灰石、绿泥石等矿物及玻璃质组成。金伯利岩中往往含有石榴二辉橄榄岩、纯橄岩及榴辉岩等上地幔包裹体。

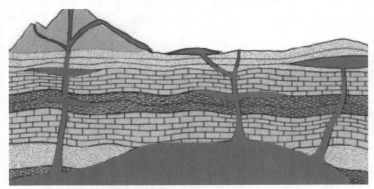

图5-8 原生钻石矿床形成过程

图5-9 金伯利岩体包括岩筒

（2）钾镁煌斑岩型的金刚石矿床

钾镁煌斑岩型金刚石矿床是1979年在澳大利亚发现的一种金刚石原生矿的新类型。钾镁煌斑岩是一种二氧化硅不饱和富镁超钾质的超基性岩类。岩体呈岩筒、岩栓和岩床分布于褶皱活动带中。岩石具有斑状结构，块状、角砾状构造。常见矿物为橄榄石、单斜辉石、含钛金云母、白榴石、角闪石（碱性闪石）、斜方辉石、透长石，基质中富钾火山玻璃。钾镁煌斑岩中有时可见橄榄岩、二辉橄榄岩、榴辉岩等幔源包裹体和捕虏晶。典型矿床为澳大利亚钾镁煌斑岩中的金刚石矿床。1905年在南非发现世界上最大的金伯利岩筒—普列米尔岩筒，并发现世界最大的钻石——库利南，该钻石重3106克拉。目前世界上400克拉以上的钻石共有50颗左右，绝大部分产在南非，其余是产在巴西、印度和赛拉利昂。

2. 现代砂床的特征

现代钻石砂矿按其沉积位置可分为残积砂床、冲积砂床及滨海砂矿。残积砂矿是从含矿母岩中分离出的重矿物和钻石就地富集而成的砂矿；冲积砂床是指重砂矿物（钻石）在河水的搬运、分选作用下富集而成的砂矿床；滨海砂矿是指经河流搬运到河流入海口，并被海流沿海岸带沉积而形成的钻石砂床。

（二）蓝宝石、红宝石矿床

刚玉矿床也有原生矿床和次生矿床，在常见的三大岩类中都可以形成原生蓝宝石矿床，经过风化和搬运则可以形成次生刚玉矿床。

1. 岩浆岩中的蓝宝石矿床（山东昌乐玄武岩型）

蓝宝石主要赋存在玄武岩体中，呈巨大的斑晶。它们是由于橄榄玄武岩浆中的橄榄岩与地壳中的氧化硅发生反应形成的。

颜色丰富，有深蓝、蓝、浅蓝、黄绿、蓝绿、棕色等，以带有不同色调的浅蓝、深蓝、蓝色为主，其中又以深蓝色居多。且常具有色带，色带宽窄不一、颜色渐变。蓝宝石大多具较好的六方晶形，呈腰鼓状、桶状，少量呈碎块状。粒径一般为20~40mm，个别达10cm。蓝宝石晶体表面常有一层灰黑色或黑色不透明薄壳 ，晶面常有斜纹和横纹，熔蚀坑发育。

图5-10 山东昌乐玄武岩型蓝宝石（彩图37）

2. 变质岩中的红宝石矿床（缅甸抹谷大理岩型）

矿体呈层状产在大理岩中，与花岗岩体分布关系密切。含矿大理岩主要由方解石组成，夹有少量白云石及片麻岩。

红宝石呈浸染状或巢状产出，晶粒小，一般1 ~ 10mm，有时达5cm，短柱状，品质好，与红宝石伴生的矿物有金云母、透辉石、方柱石、榍石、镁橄榄石、尖晶石等。

（三）翡翠矿床

翡翠是玉石中最珍贵的产品，被称为"玉石之王"。我国历史上曾有"翡翠产于云南永昌府"之说，实际上是指缅甸密支那地区，因为在明代万历年间该地属云南省永昌府管辖。

世界上有几个地区可产翡翠，他们是缅甸（北部）、中美洲危地马拉、哈萨克斯坦、美国以及日本等。但真正具有经济价值的宝石级翡翠绝大部分产在缅甸。

1. 原生翡翠矿床

缅甸的乌尤河流域是世界上翡翠主要的产出地。13世纪初开始开采冲积砂矿，1871年发现原生翡翠矿床。由于翡翠的形成过程相当复杂，而且其中所含的矿物成分变化很大，其成因目前仍未有定论，一般来讲有3种观点：变质成因、岩浆成因和热液交代成因。目前，高压变质成因是翡翠形成的主流学说。

图5-11　缅甸翡翠原生矿床

乌尤江流域的翡翠原生矿床中，质量最优者属度冒矿床。度冒矿床位于蛇纹岩化的橄榄岩体内，靠近岩体与蓝闪石片岩和钾钠长石片岩的接触带属气成热液双交代型矿床。度冒翡翠矿体呈脉状、透镜状和岩株状产出。由白色硬玉矿物组成，产祖母绿色优质翡翠。

2. 翡翠次生矿床

（1）高地砾石层翡翠砂矿

该砾石层堆积厚度为100~300m，属洪积成因，分布在河流两侧，但在地貌上已成为丘陵，不具有河流阶地的特征，是目前开采翡翠的主要矿床类型。

（2）河流冲积翡翠砂矿

主要分布在雾露河的河床及两侧的河漫滩，历史上在帕敢最为发育。翡翠砾石与其他废石如漂砾、卵石、砂混在一起，但翡翠砾石的滚圆度较好，以次圆状到滚圆状为主。由于这种翡翠砾石经过水流的搬运和磨蚀，表面均比较光滑，所以被称为水石。

四、祖母绿矿床

祖母绿矿床常不均匀地分布在伟晶岩与超基性岩接触带中的黑云母片岩中。认为与花岗伟晶岩侵入到受变质的超基性岩中并发生交代作用相关。如：印度拉贾邦的祖母绿矿床、俄罗斯乌拉尔祖母绿矿床。

云南是中国祖母绿的主要产地，但裂隙发育，颜色太深，产量也不大。

图5-12　云南祖母绿（彩图38）

第三节　常见天然宝玉石资源分布

人类开发利用宝玉石资源时来已久，早在公元前3200年的古埃及国王就派出寻宝探险队和采矿人员前往麦拉山谷开采绿松石矿，我国著名的和田玉早在原始社会时期已发现。据不完全统计，世界上已发现和开采的宝玉石约有600多种，其中三分之一是在近100年发现的。有些宝石产于世界各地，如水晶和石榴石；而有些宝石则由于形成的地质条件较为特殊，仅分布于少数几个国家或地区，如红宝石、钻石。有些宝石即使分布较广，但可能仅有极少部分达到宝石级别。世界宝玉石资源主要分布在南部非洲、东南亚、俄罗斯、澳大利亚和南美洲的某些特定地区，有些宝玉石品种甚至集中在某一个国家或地区内，如南部非洲的钻石、东南亚的红蓝宝石、缅甸的翡翠和澳大利亚的欧泊，大多数中低档宝玉石分布较为广泛。

图5-13　世界宝玉石资源的分布

一、非　洲

非洲大陆宝玉石资源非常丰富，被誉为"世界宝石仓库"。主要盛产钻石、刚玉、金绿宝石祖母绿、紫晶和绿松等。尤其以钻石最为著名。南部非洲是世界主要钻石产区（南非、纳米比亚、博茨瓦纳、扎伊尔、安哥拉等）。迄今南非共发现金伯利岩岩筒350多个，钻石估量在2.5亿克拉，且钻石颗粒巨大，世界上已发现的2000多颗重量在100克拉以上的钻石，95%就产在南非，如库利南（3106克拉）、高贵无比（999.2克拉）、琼格尔（726克拉）。

除钻石之外，非洲所产的其他宝玉石在世界上也享有盛名。赞比亚、津巴布韦不仅是世界上祖母绿第一、二生产国，赞比亚还是世界上最重要的孔雀石产区之一，津巴布韦发现有金绿宝石和紫晶矿。坦桑尼亚和肯尼亚产红宝石、蓝宝石、坦桑石等宝石品种。

二、亚 洲

亚洲是世界上主要宝玉石产地之一，拥有世界上最优质的红、蓝宝石矿，有最古老的金绿宝石、绿松石矿。还有名贵的珍珠和钻石，驰名世界的翡翠和软玉。

缅甸生产红宝石、翡翠和尖晶石等高档宝石，有名贵品种"鸽血红"红宝石，即红色纯正，且饱和度很高。日光下显荧光效应，其各个刻面均呈鲜红色，熠熠生辉。与我国云南接壤的孟洪地区是世界上唯一产优质翡翠的地区。

斯里兰卡自古以来以产宝石著称，宝石品种有红宝石、蓝宝石、金绿宝石、海蓝宝石等60余种。其中以蓝宝石最为有名，世界上最大的蓝宝石晶体（重19kg）和世界第三号星光蓝宝石（重362ct）就产自斯里兰卡。

印度是世界上最早发现钻石的地方，且出产了古老而有名的大钻"莫卧儿大帝"、"摄政王"、"荷兰女皇"等，但目前产量很低。

此外，泰国、越南、柬埔寨是世界上优质红宝石、蓝宝石最重要的供应国。阿富汗的青金石，伊朗的绿松石，中国的和田玉、红宝石在世界都享有名誉。

世界最优质的珍珠东方珠产于波斯湾海域（沙特阿拉伯以东），而南洋珠产于缅甸、中国、菲律宾，人工养殖珍珠产于中国和日本。而台湾则是当代红珊瑚最重要的产地，占世界总产量的60%。

三、美 洲

美洲拥有世界上许多重要的大型宝石矿山。哥伦比亚是世界优质祖母绿第一大国。其祖母绿呈透明的翠绿色、淡翠绿色，颜色鲜艳纯正。巴西是美洲宝石最丰富的国家，世界70%的海蓝宝石，95%的黄玉和80%水晶都产于巴西。

加拿大盛产软玉、紫晶和碧玺，墨西哥出产欧泊、玛瑙和紫晶，美国是世界上最大的绿松石产地。

四、大洋洲

澳大利亚是世界上又一个重要宝石区，富产欧泊、蓝宝石、金刚石、祖母绿、澳玉等宝石。欧泊产量占世界的98%，称国石；蓝宝石占世界的70%；澳玉是世界上质量最好。澳大利亚的金刚石矿产量为世界第一，主要为工业钻石。

五、欧　洲

欧洲的宝石资源主要集中在俄罗斯，主要有金刚石、祖母绿和金绿宝石。欧洲波罗的海沿岸的波兰、德国、丹麦、俄罗斯等国家，为世界琥珀主要产国。国际市场销售的琥珀80%产于波罗的海地区。

六、国内宝石资源

我国地域辽阔，产宝石品种较多，由于成矿条件复杂，从已开发利用的近百种宝玉石来看，其成因几乎包括了各种地质环境下的成矿作用。据统计，全国除上海、天津和宁夏未报道宝石产地外，其余省市均有分布。其中宝石矿60余种，玉石矿100余种。

1. 金刚石矿

主要辽宁瓦房店、山东蒙阴、湖南沅江流域。前两者为原生金刚石矿，后者为金刚石砂矿床。总的来说，我国金刚石资源相对较少，探明储量仅占世界第六位。但勘探时间较短，1950年在沅江流域首先发现金刚石，60年代在黔东、蒙阴发现原生金刚石，70年代在辽宁瓦房店发现原生金刚石矿，1991年后年产值均在1200美元以上。总的来讲，远景尚未完全搞清。

2. 山东省蓝宝石矿

是我国质量最好和产量最多，山东蓝宝石以粒度大、晶体完整而著称。最大达155克拉，但颜色过深、透明度较低。成因与玄武岩浆作用有关。

3. 软　玉

中国软玉矿床最著名的是新疆和田玉，和田玉远在7000多年前即被先民发现、利用，并传入我国中原地区。和田玉作为友谊的桥梁和团结的象征照耀着历史长河。称为中国玉。

和田玉分布于塔里木盆地之南的昆仑山—阿尔金山地区。和田玉为典型的接触交代矿床，它产于中酸性侵入岩与白云石大理岩接触交代蚀变带中，矿体产于外接触带，主要位于透辉石带以外的透闪石化白云石大理岩中。

4. 云　南

云南省是我国宝石矿分布最广的地区，主要有红宝石、祖母绿、海蓝宝石、黄玉、岫玉等多种宝石矿。主要集中在哀牢山和高黎贡山一带。

（1）哀牢山红宝石矿：属于一个具有规模的原生矿和砂矿的大中型矿床。原生矿赋存在大理岩中，砂矿赋存在原生矿附近的残积与冲积土壤层中。红宝石以玫瑰红和紫红色为主，为半透明，见有不规则裂纹。在红宝石中属质量比较好的品种，目前尚处开发初期。

（2）云南文山祖母绿矿：是一深变质岩，矿体赋存在层间裂隙的花岗伟晶岩中，呈脉状分布。颜色偏暗，为深绿色，半透明，裂隙发育，内部包体少，是我国唯一产宝石级祖母绿的地区，目前有少量加工成各种款式戒面投入市场。

第六章　五大名贵宝石

第一节　钻　石

众所周知，钻石是世界上最坚硬的天然物质。自古以来，人们就用它来象征男士的刚强和坚毅。英文中钻石Diamond一词，其实源自于希腊文，即是不可征服的意思。远于盘古初开的亿万年前，钻石已经深藏于地壳深处，至今仍是大自然最坚硬持久的瑰宝。正因为钻石历经千万年仍保持璀璨的光芒，因而赢得"永恒"的美誉，成为今日"恒久真爱"的象征。

钻石的矿物名称是金刚石，人类文明虽有几千年的历史，但人们发现和初步认识钻石却只有几百年，而真正揭开钻石内部奥秘的时间则更短。在此之前，伴随它的只是神话般具有宗教色彩的崇拜和畏惧的传说，同时把它视为勇敢、权力、地位和尊贵的象征。如今，钻石不再神秘莫测，更不是只有皇室贵族才能享用的珍品，它已成为百姓们都可拥有、佩戴的大众宝石。钻石的文化源远流长，今天人们更多地把它看成是爱情和忠贞的象征。在国际珠宝贸易中销售额最大，占70%。具有"宝石之王"之美誉，其原因有：

1. 钻石本身的性质

①稳定的化学性质，耐酸耐碱，不易腐蚀。②高硬度，耐磨，加工后面平棱直。③高折射率（RI）2.417。按理想比例加工后，显示高亮度。④高色散0.044。加工后可显示火彩。高色散、高（RI）是钻石具有美丽外观的基础。⑤强金刚光泽，显示明亮的外观效应。

图6-1　钻　石（彩图39）

2. 历史悠久，是权力、富贵和财富的象征

在许多发达国家中，女性都拥有大量的钻戒。世界上大多数的名钻石都掌握在有权

有势的人中。钻石是一种高附加值珍宝，其价值随颗粒的增大而成倍向上翻。历史上，一些特大颗粒的钻石，如英王冠上的"库利南一号"等，其价值均几千万美元之上。正因为钻石拥有如此高的附加值，人们在价值理念上，把钻石等同于财富，认为拥有钻石即是拥有财富。

3. 具有完整的销售体系

目前80％的钻石原石的销量都掌握在美国的德比尔DeBeers公司中，它控制世界钻石的销量。统一销售和统一评价。

4. 大钻稀少，名钻罕见

大钻是大于1克拉，名钻是大于100克拉。世界上有许多名钻，如南非是世界最大颗粒金刚石—"库里南"（重3106克拉）、"高贵无比"重（995克拉）的产地。我国的名石钻有"常林钻石"（重158.78克拉）和"金鸡钻石"（重278克拉）。

5. 开采难度比较大

钻石矿床的开采，可以说是一件规模巨大，却又细心备至的工作。开采过程中，既需充分开采含有钻石的矿石，又要谨小慎微，以确保矿石中钻石原石颗粒完好无损。开采不当会导致经济的巨大损失。不论是露天开采，还是地下挖掘，都是一项声势和场面浩大的工程，人力物力的投入是难以想象的。

钻石被视为纯洁永恒的象征，加上用铂金镶嵌钻石使之更加美丽，把它戴在新娘的无名指上，作为结婚的信物。被世界珠宝界誉为四月的生辰石和结婚60周年的纪念石。

当前市场上销售的钻石，除天然钻石外，还有优化处理的钻石和仿钻，如具有商业价值的立方氧化锆、钇铝榴石和合成宝石。

一、钻石的基本特征

1. 化学成分

是唯一由单个元素C组成，常含有微量的N、硼（B）、铝等杂质元素。含N使钻石变黄（天然含0.2％），含B使钻石变蓝。

2. 结晶特征

属等轴晶系，晶体多呈八面体，立方体，菱形十二面体及它们的聚形。表面见有生长标志"三角凹坑"。

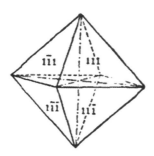

图6-2　钻石的晶形（彩图40）

切割钻石是依据其原石的外形，将钻石切割成各种不同形状的过程。其中，受大家欢迎的八种形状有：圆形、椭圆形、心形、梨形、方形、三角形及祖母绿形。圆钻，是最常见的形状。

图6-3　圆　钻

3. 物理性质

硬度10，因结晶方向不同出现差硬度，比重3.52，具有八面体解理，透明，金刚光泽。折射率（RI）2.417，色散0.044，是钻石切磨后，具有美丽外观的基础。

4. 颜色与品种

三类：（1）无色—淡黄色系列。属商业性钻石，也称好望角。

（2）浅褐色—深褐色系列。属工业钻石。

（3）彩色系列。少见，有蓝色、红色、粉红色和绿色。

钻石的颜色，主要为无色、白色、淡黄色。黄色是钻石的大忌，其色调的深浅直接影响钻石的质量和价值。因此，钻石的颜色是其经济评价中首要因素。

5. 内含物

钻石有各种形态和类型的包裹体，晶体、针尖、针尖群、云雾、生长纹、双晶纹及裂隙等对鉴别钻有重要的意义。主要以固体物，石墨、尖晶石、橄榄石和石榴石等。

6. 吸收光谱

黄色系列钻石以415.5nm谱线为特征；褐色系列以503nm谱带为特征；蓝色钻石可见光范围内不显吸收谱线。

图6-4　钻石的吸收光谱（彩图41）

7. 发光性

部分钻石在紫外线下具有荧光，并且荧光的颜色和强度是变化的。 黄色系列钻石LW下常显蓝色荧光；褐色钻石具黄绿色荧光；鲜黄色钻石具黄色荧光；少数钻石具有粉红色荧光。显示亮蓝色荧光的钻石常显示浅黄色磷光，这种发光性组合是鉴别钻石的指示特征之一。所有的钻石在X射线和阴极射线下都发荧光。

8. 亲油性

钻石对油脂有很强的吸附力，另一方面，钻石不被水湿润，水不能呈薄膜状附着在钻石的表面。钻石笔就是应用钻石的这两个特点，其装有特殊油性墨水，能在钻石的表面上留下连续的笔迹。

9. 热学性质

（1）热导率：传热能力，高，极好热导体，比铜高2.5倍。根据钻石的良好传热性而设计的热导仪，因而用来鉴别真假钻石特别有效。

（2）电阻率：大多数钻石为绝缘体，仅含B的天然蓝钻石为半导体。

二、钻石的类型和特征

（一）Ⅰ型 和Ⅱ型钻石

根据钻石成分中氮元素的存在形式及物理性质的差异，钻石可分为：

Ⅰ型：含元素氮（N），根据N的分布可分为：

Ⅰa型：N以小片晶形式存于钻石晶体结构中；

Ⅰb型：N以分散状形式存于钻石晶体结构中；

Ⅱ型：不含元素氮（N），自然界含量少，且形态为不规则状，著名例子是库里南和塞拉利昂之星。按不同的电学性质分为：

Ⅱa型：不导电，具有最高的导热性，在短波紫外光下不发磷光；

Ⅱb型：半导体，短波紫外光下发磷光。

天然的不含氮的Ⅱ型钻石相当稀少，在所开采出的钻石中仅占2％左右，在Ⅱ型钻石中，有少量钻石具有更为特殊的性质：如短波紫外光下具有蓝色或红色磷光，和较高的电导率（半导体），具有这些性质的Ⅱ型钻石和被进一步划分成Ⅱb亚型。Ⅱb型的钻石大约仅占Ⅱ型钻石的0.1％，所有蓝色的钻石都属于Ⅱb型钻石。大多数的Ⅱ型钻石属于Ⅱa型。目前所发现的许多大钻，如库里南和塞拉利昂之星等，都属于Ⅱa型的钻石。Ⅱa型钻石为白色、褐色。

三、钻石的优化处理

天然产出的高品质钻石及彩色钻石非常稀少，并且价格昂贵，因而多年来，人们一直在研究优化钻石的方法，最早是表面简单涂层以掩盖级别低的色调，近二十年利用现代高科技手段可以改变钻石的净度和体色，使钻石达到近似于天然彩色钻石或高品质钻石的颜色。

钻石的优化处理主要是指利用各种物理方法（放射性辐照和高温处理），把那些不被人们喜爱的颜色（如浅黄色、浅褐色和褐色）改善，而得到受欢迎的白或其他彩色

（黄、绿、蓝、红色）；其次，是利用激光技术对钻石中的包裹体进行净度处理和裂隙充填改善钻石的外观。

（一）激光钻孔处理

激光钻孔处理是针对一些从冠部能明显见到较大的暗色包裹体的钻石。其方法是将钻石固定在可以调节的夹具上，选择合适的方向使激光束垂直射向某一小刻面，钻石在有氧条件下沿激光束方向发生燃烧形成孔道，直达暗色包体，然后采用强酸处理以清洁孔道和溶解包裹体。最后，还可在真空状态下将环氧树脂或其他低温材料填入孔洞中。在10倍放大镜下仔细检查，钻石表面激光孔眼处的不平"凹坑"及充填物与周围钻石颜色、光泽有差别，转动钻石，观察线形的激光孔道，因充填物的折射率、透明度、颜色与钻石不一致而表现较为明显。经过这种处理的钻石，原暗色包裹体变成了无色或白色包裹体，达到了改善净度及钻戒外观的目的。

（二）裂隙充填处理

裂隙充填处理不仅可改善钻石的外观，还有利于增强有裂隙钻石的稳定性。此方法通常选择那些具有开放裂隙的钻石，配制具有低熔点、低粘度、高折射率、高沸点的透明材料，在真空状态下，采用适当的温度加热熔化，使其充填于钻石的裂隙中。放大观察充填裂隙面具橙黄、黄绿或紫红色的闪光效应，这种闪光现象在裂隙面的不同位置可表现不同的颜色，并且随样品的转动，闪光颜色可以发生改变。裂隙内可能存在异形气泡，流动痕迹。有时部分充填物可残留在钻石表面，并且在裂隙表面处的充填物的光泽和颜色同钻石相比仍有细微的差别。裂隙充填之后，钻石的颜色也会产生变化，在十倍放大镜下，常常会出现朦胧的蓝紫色调。

（三）辐照处理

辐射处理是用高能粒子束（电子束、紫外线、X射线、γ射线）照射宝石，使钻石的颜色发生改变。使钻石产生不同的色心，色心可随后通过加热予以改造，这种方法只适用于有色而且颜色不好的钻石，如褐色钻石可改变为美丽的天蓝色、绿色。但它不能使钻石的颜色变浅。

（四）涂层处理

涂层处理是在钻石的亭部、腰部涂覆一层透明的薄层蓝色物质，以抵消其淡黄色，提高钻石的颜色等级。

（五）合成钻石

合成钻石是指在实验室或工厂里通过一定的技术与工艺流程制造出来的与天然钻石的外观、化学成分和晶体结构完全相同的人工材料。

钻石和石墨是碳的两种同质多像的变体，在常温常压下石墨是碳的稳定结晶形式，钻石只有在高温高压下才是最稳定的，在高温高压（相图中钻石稳定区的条件）下，石墨的中的碳原子会重新按钻石的结构排列，而形成钻石。合成钻石的方法主要分静压法、动压法和低压法。

合成钻石晶体形态主要为立方体与八面体的聚形。晶面纹理显示树枝状、漏砂状或交切状纹理，接种面上粗糙不平。包裹体主要有针状、片状、针点状的金属包裹体，大量的金属包裹体，合成钻石无特征的415.5nm吸收线，在长波紫外荧光弱于短波，而天然钻石的正好相反。近无色的合成钻石在短波下有明显的磷光，天然钻石无磷光。

四、钻石的经济评价——4C评价

钻石是美丽而罕见的，每一颗钻石都有其独一无二的价值，在世界上钻石是唯一有相对统一评价标准的宝石品种。其经济评价的要素有四个：颜色（Color）、净度（Clarity）、切工（Cut）、重量（Carat）。因这四个要素的英文字母，都是以英文C开头。所以也称4C评价。

GIA美国珠宝学院的简称，是世界上宝石最权威的鉴定机构之一，钻石分级的4C标准就是其提出来的。

（一）颜色（色级）

市场上所见钻石，虽然大多数看起来是无色的，但实际上仍带有浅黄色调。真正无色的钻石非常稀少。钻石的颜色，主要为无色、白色、淡黄色。黄色是钻石的大忌，其色调的深浅直接影响钻石的质量和价值。因此，钻石的颜色是其经济评价中首要因素。国际珠宝界对钻石颜色的分级十分严格，各国也都有其相应的评价标准。

颜色分级：主要是针对绝大多数微带黄色的无色（白色）钻石。

分级依据是在10倍放大镜下评估钻石中黄色成分的可见程度。

分级体系：国际上普遍采用美国珠宝学院（GIA）制定的分级体系，它是用Diamond的D字母开头为最高级别，依次按英文字母顺后排列，即D、E、F、G、H、I、J、K、L、M、N、<N。每向后一个字母，表示色级下降一级，最小级别为N级。

我国采用是百分制（100色），100色为最高色级别，每下降一个数，色级降一个级别。

我国共分为五大级12个级别：

白色类：不显颜色D—H（100～96色）：

极白D—E（100～99）纯净无色、极透明，显蓝色光

优白F—G（98～97色）从任何角度观察无色不显蓝色光。

白：H（96色）从亭部观察似有似无的带有黄色调。

微黄白色类：I—J（95～94色）从台面观察无色，从亭部观察略带有微黄色调。

浅黄白色类：K—L（93～92色）从任何角度观察均带有浅黄色调。

浅黄色类：M—N（91～90色）从任何角度观察均显黄色调。

黄色类：小于N（90色）具有明显黄色调，肉眼可见。

颜色对钻石价格影响最大，普通N色1ct钻石只有E色钻石有四分之一的价格。

颜色分级在无阳光直射的室内，周围环境的色调应为白—灰色。采用专用的比色灯，以比色板或比色纸为背景。颜色分级的人员必须接受过专门的技能培训，掌握正确

的方法。由2~3名技术人员独立完成同一样品的颜色分级，取得统一结果。颜色越白的钻石越罕有，在介绍颜色时要根据顾客的预算及需要进行介绍，不必一味追求高级别。购买时颜色级别 H~J 色为底线。

表6-1　　　　　　　　　　钻石颜色等级对照表

美国宝石学院（GIA）		中国国家标准		
白色类	D	D	100	极　白
	E	E	99	
	F	F	98	优　白
	G	G	97	
	H	H	96	白
微带黄色，从台面观察近无色，从亭部观察显微黄色	I	I	96	微黄白
	J	J	94	
	K	K	93	浅黄白
	L	L	92	
黄色类，从任何角度观察都显黄色	M	M	91	浅　黄
	N	N	90	
	O	<N	<90	黄
	P			
	Q			
	R			
明显的黄色类	S~Z			

（二）净　度

钻石的净度就是钻石纯净无瑕的程度。根据10倍放大镜下钻石瑕疵程度，用钻石分级标准评定其净度等级称为净度分级。

自然界中钻石除极少数完美外，均存在微量的瑕疵。过多的瑕疵存在会影响钻石的光泽与火彩。因此，在钻石质量评价过程中，对瑕疵的观察与研究极为重要。

瑕疵包括内部瑕疵（矿物包体、羽状纹、裂隙等）和外部瑕疵（缺口、刮痕、额外创面、外部纹理等）。

分级标准是根据钻石在10倍放大镜下，观察到的瑕疵种类、明显程度、所在位置、大小、多少。

将净度分为五个级别：

无瑕级（LC）：10倍放大镜下观察内外无瑕疵，绝对透明，少见。

极微瑕级（VVS）：10倍放大镜很难观察到，极微小的瑕疵。可分VVS_1、VVS_2。

微瑕疵级（VS）：10倍放大镜下不易观察，具有细小的瑕疵。可分VS_1、VS_2。

瑕疵级（SI）：10倍放大镜下容易观察到，具有明显的瑕疵。可分SI$_1$，SI$_2$。

重瑕级（P）：具有很明显的瑕疵，肉眼可见。分为P$_1$（一级）不影响亮度；P$_2$对亮度有一定影响；P$_3$降低亮度和火彩及耐久性。

表6-2　　　　　　　　　　常见钻石内部特征类型符号表

编号	名　称	说　明
01	点状包体	钻石内部极小的天然包裹体
02	云状物	钻石中朦胧状、乳状、无清晰边界的天然包裹体
03	浅色包裹体	钻石内部的浅色或无色天然包裹体
04	深色包裹体	钻石内部的深色或黑色天然包裹物
05	内部纹理	钻石内部的天然结晶面
06	羽状纹	钻石内部或延伸至外部的部分
07	须状腰	腰上细小裂纹深入内部的部分
08	内凹原始晶面	内凹如钻石内部的天然结晶面
09	空　洞	大而深的不规则破口
10	破　口	腰部边缘破损的小口
11	击　痕	受到外力撞击留下的痕迹
12	激光痕	用激光和化学品去除钻石内部深色包裹物时留下的痕迹。管状或漏斗痕迹称为激光孔。可被高折射率玻璃充填

表6-3　　　　　　　　　　常见的钻石外部特征

编号	名　称	说　明
01	原始晶面	为保持最大质量而在钻石腰部或近腰部保留的天然结晶面
02	表面纹理	钻石表面的天然生长痕迹
03	抛光纹	抛光不当造成的细密线状痕迹，在同一刻面内相互平行
04	刮　伤	表面很细的划伤的痕迹
05	烧　痕	抛光不当所致的糊状疤痕
06	额外刻面	规定之外的所有多余刻面
07	缺　口	腰或底尖上细小的
08	棱线磨损	棱线上细小的损伤，呈毛状

（三）重　量

钻石的计量单位是克拉（ct）。1ct=0.2g=100分。钻石的粒度比较小，国际珠宝界将小于29分称为小钻；30分~99分为中钻；大于1ct为大钻。因此，在对钻石称重时必须精确天平称重，精确度到小数点后第三位，"逢九进一"。价格=重量^2×市场基价。重量越大，价格越高。如2ct的钻石其市场价600美元/ct。

对于已镶嵌的钻石，不能直接称重时，可通过测量钻石的尺寸，通过经验式计算出大约的重量。

表6-4 　　　　　　　　　　钻石尺寸对应的钻石重量表

	⊙	◉	◉	◉	◉	◉	◉	◉	◉	◉
克拉 Carat	0.05	0.10	0.20	0.25	0.30	0.40	0.50	0.70	0.90	1.00
直径 m/m	2.5	3.0	3.8	4.1	4.5	4.8	5.2	5.8	6.3	6.5
高度 m/m	2.5	1.8	2.3	2.5	2.7	3.0	3.1	3.5	3.8	3.9

（四）切　工

钻石切工的好坏对钻石的价格影响很大，一个好的切工与一个差的切工的差价在30%左右。切工还影响钻石亮度和火彩。当前流行的款式是标准圆多面型。其轮廓为圆形，共有57面或58面，冠部为33个刻面，最大面为台面；亭部有24个或25个刻面。

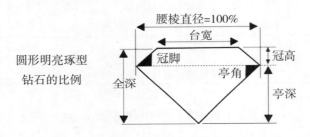

圆形明亮琢型
钻石的比例

图6-5　标准圆多面型

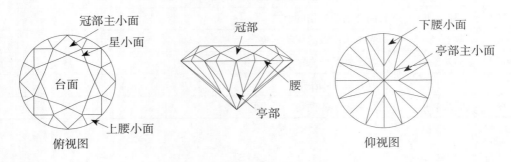

图6-6　圆多面型

加工时必须要理想比例进行加工。否则将产生鱼眼钻石和块状钻石。

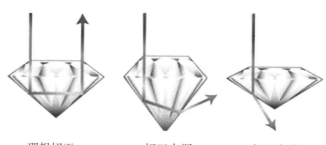

理想切工　　　　切工太深　　　　切工太浅

图6-7　钻石加工

表6-5 钻石切工的评价标准

标准	Good 一般	Very Good 好	Excellent 很好	Very Good 好	Good 一般
Table% 桌面比	46~49	50~51	52~62	63~66	67~69
Total depth% 全深比	<55	56~57.4	57.5~63	63~64.5	>65
Pavilion depth% 亭深比	<=39.5	40~41	41.5~45	45.5~46.5	>=47
Crown angle 冠角	26~30	30~31	31.5~36.5	37~38	38~40
Pavilion angle 亭角	38.2~38.8	39.8~40.4	40.4~41.8	42.0~42.4	42.6~43
Crown height% 冠高比	<=8.5	9~10.5	11~16	16.5~18	>=8
Girdle thickness 腰后比	0~0.5	1~1.5	2~4.5	5~7.5	>=8
Culet size% 底尖比	—	—	Pointet−1.9%	2%~3.9%	>=4%
Star length% 星形刻面长	<40	40~45	45~65	65~70	>70
Lower Half% 腰下刻面	—	<65	70~83	>90	—

国际上切工分为优、良、中—差；我国分为：很好、好、一般。

钻石切工成为世界性行业，全球有四大加工钻石切磨中心。

1. 比利时安德维普

有"世界钻石之都"的美誉，全世界50%以上的钻石交易在这里进行，一颗钻石如标有"安特卫普切工"，即是完美切工的代名词。

2. 以色列特拉维夫

优良切割及花式切割新式切割钻石的主要供应地，钻石出口额占整个以色列工业出口额的1/3。

3. 美国纽约

主要从事大钻（2克拉以上）的加工，是世界大钻加工基地。

4. 印度孟买

是世界上最早从事钻石加工的城市。由于设备相对落后琢磨技术相对古老，多以加工小钻为主，大部分的产品质量差，火彩效果偏差。由于价格低廉，迎合低收入阶层人群的喜欢。

泰国、俄罗斯、中国正在发展成为重要的加工切割中心。

综上所述，对每一粒已镶嵌钻石质量的评估，在国家标准中对已镶嵌的钻石质量进行了综合评价，在已知重量和切工的情况下，以净度级别和颜色级别为依据，可划分五级：极好、很好、好、较好、一般。

五、钻石与仿钻的鉴别

大多数仿钻都具有无色透明的外观，较强的光泽、亮度、火彩及硬度，良好的切工等特点。包括天然宝石和人造材料两部分，主要有：莫依桑石（碳化硅）、立方氧化锆（CZ）、钇铝榴石（YAG）、钛酸锶、合成尖晶石、合成蓝宝石、玻璃、锆石、蓝宝石、托帕石、水晶。

鉴别：主要从内部特征、表面特征、光泽、色散等。具体如下：

1. 内部特征

钻石含晶体包体、羽状体、"V"缺口、"胡须"。仿钻：CZ、YAG、铅玻璃、含气泡或较干净。锆石、合成碳硅石，双折射率大，可见刻面棱双影线。

2. 表面特征

钻石硬度大，按理想比例琢型，面平棱直亮度高。腰棱处有时可见原晶面、三角蚀象等。仿钻硬度低，加工差，面棱难交于一点，有时显贝壳状断口。

3. 色　散

色散高的宝石切割后可显好的"火彩"，钻石色散0.044属高色散宝石，切割后显示灰、蓝、黄等火彩；仿钻色散有高有低，低色散宝石火彩弱，高色散如人造金红石、钛酸锶的火彩太强。根据显示火彩强弱来区别。

4. 吸收光谱

钻石：紫光区显415.5nm处吸收线，这也是钻石的特征吸收线，购买时如果用分光镜看不到此特征线就不要买。仿钻：不显紫光区415.5nm处吸收线。

5. 透视法

钻石高折射率，一般按理想比例琢型，将钻石台面朝下，放在一条画线上，从底尖垂直看下去不透线。仿钻一般切工较差，能透过下面的线条。

表6-6　　　　　　　　　　　　钻石与仿钻的物理性质

宝　石	折射率	双折射率	色　散	硬　度	比　重
钻　石	2.42		0.044	10	3.52
莫依桑石	2.65~2.69	0.04	0.104	9.25	3.22
立方氧化锆	2.15~2.18		0.065	8.5	5.6~6
钇铝榴石	2.03		0.028	8.5	4.5
钛酸锶	2.41	0.09	0.19	5.6	5~6
合成蓝宝石	1.76~1.79	0.008	0.018	9	4
合成尖晶石	1.727		0.02	8	3.63
玻　璃	1.5~1.7		0.03	6	3~4
锆　石	1.93~1.99	0.059	0.039	7.5	4.18
无色蓝宝石	1.76~1.79	0.008	0.018	9	4
托帕石	1.61~1.64	0.01	0.014	8	3.6
水　晶	1.544~1.553	0.009	0.013	7	2.65

六、钻石产地

目前世界上共有27个国家发现钻石矿床，大部分位于非洲、俄罗斯、澳大利亚和加拿大。世界钻石产量前五位是澳大利亚—扎伊尔—博茨瓦纳—俄罗斯—南非。中国1950年首次在湖南沅江流域发现具有经济价值的钻石砂矿，品质好，宝石级占40%±，但品位低，分布零散。60年代在山东蒙阴找到的原生钻石矿品位高、储量大，但质量差，宝石级占12%左右，且色泽偏黄，多用于工业上。70年代初在辽宁瓦房店发现了钻石原生矿床，储量大、质量好，宝石级约占50%以上，成为中国也是亚洲最大的原生钻石矿山（每年开采10万克拉以上）。

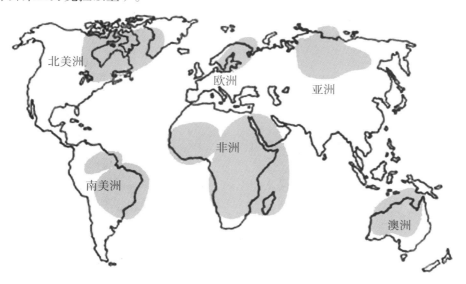

图6-8　钻石的分布图

世界上钻石主要生产国为澳大利亚、扎伊尔、博茨瓦纳、俄罗斯、南非，这5个国家的钻石产量占世界总产量的90%以上。长期以来，DTC销售世界60%~80%的钻石原石。目前成品钻石的加工及交易中心主要集中在比利时安特卫普、以色列特拉维夫、美国纽约、印度孟买和中国香港。

钻石首饰零售占世界整个珠宝市场的80%以上，美国是世界经济最发达的国家，钻石销售一直名列世界第一。日本是世界人口密度最大，经济实力最强的国家之一，是世界第二大钻石消费市场。东南亚是世界钻石消费市场的后起之秀，也是十多年来钻石消费增长最快的区域，香港作为国际金融贸易中心，20世纪80年代以后已成为重要的珠宝首饰制造业中心、钻石贸易中心和消费中心。中国大陆是一个新兴的钻石市场，尽管市场的发展仍处于初级阶段，但中国拥有世界1/4的人口且经济发展强劲。据戴比尔斯推测中国将成为继美国、日本之后世界第三大钻石消费市场。

第二节　红宝石和蓝宝石

一、概　述

红宝石和蓝宝石都属于刚玉矿物，基本化学成分为Al_2O_3。除星光效应外，只有半透明—透明且色彩鲜艳的刚玉才能做宝石。红色的刚玉称为红宝石，而其他色调的刚玉在商业上统称蓝宝石。

红、蓝宝石均为古老的宝石品种，早在公元前，人们就认为颜色红艳的红宝石具有超凡的"神灵"，可消除百病并保佑个人和财产不受侵犯，被视为吉祥物。传说戴红宝石的人会健康长寿、聪明智慧、爱情美满，而且，左手戴上红宝石戒指或者左侧戴一枚红宝石胸饰，就会有一种逢凶化吉、变敌为友的魔力。而蓝宝石据说它能保护国王和君主免受伤害和妒忌，是最适宜于做教士皇冠的宝石。基督教徒常常把基督教的十诫刻在蓝宝石上，作为镇教之宝。

图6-9　红宝石和蓝宝石（彩图42）

在刚玉族中还有星光红宝石、星光蓝宝石，被誉为"宝石之岛"的斯里兰卡流传着关于星光宝石的故事：很久以前，有一个名叫班达的青年，他勇敢而仗义，为了百姓的安宁，在一次与魔王的搏斗中，他把自己变成了一只巨大的飞箭，深深地刺入魔王的咽喉，凶恶的魔王在临死之前拼命挣扎，以致把天撞碎了一角，使天上的许多星星纷纷坠落，其中一些沾染魔王的鲜血的星星便变成了星光红宝石，没有染血的星星则成了星光蓝宝石。

　　蓝宝石与红宝石被国际珠宝界列为五大名贵宝石。红宝石象征仁爱、热情和尊严，为七月生辰石和结婚40周年的纪念石；蓝宝石沉稳而高雅的色调被现代人赋予慈祥、诚实、宽容和高尚的内涵，识其为冷艳的"贵妇人"，列为九月生辰石。

二、红、蓝宝石的基本性质

1. 化学成分

　　刚玉族宝石的主要化学成分为Al_2O_3，纯净时为无色，含有杂质元素Cr（红）、Fe、Ti（蓝）等，属于他色宝石。

2. 结晶特征

　　属三方晶系（U），晶体呈六边形桶状和柱状，晶面上可见横纹。常见形态为六方柱、六方双锥和平行双面。在菱面体上可具有三角生长标志，其边与菱形面平行。

　　红宝石：板状，短柱状，常见菱面体，平行两面，晶面有裂理，少数为桶状。

　　蓝宝石：六方柱+六方双锥+菱面体组成的聚形。呈桶状。

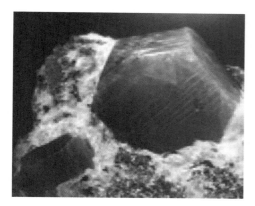

图6-10　红宝石板状晶体（彩图43）

图6-11　蓝宝石桶状晶体（彩图44）

3. 物理性质

　　摩氏硬度为9，硬度略具方向性，平行柱面的硬度略大于垂直柱面的硬度；相对密度：常为：3.99～4.01，随宝石内杂质元素的不同，相对密度值会有变化，如山东蓝宝石相对密度可达4.17；透明至不透明，高档刻面宝石为透明，具星光效应的多为半透明；强玻璃光泽；折射率RI1.762～1.770，双折DR0.008，一轴晶负光性符号；色散0.018；多色性明显，具有二色性。一般表现为不同深浅的颜色，红宝石、蓝色蓝宝石二色性较强，其他颜色的蓝宝石稍弱。解理不发育，但可发育平行底面和平行菱面体面的聚片双晶，并产生裂理。

4. 颜色与品种

按颜色和特殊光学性质分为红宝石（凡是红色调）、蓝宝石（除红色调以外）和星光宝石。

红宝石颜色：红色、粉红色、玫瑰红、暗红色、紫红色。最好是鸽血红（缅甸）。

蓝宝石颜色：除去红色系列以外的所有颜色的刚玉宝石，包括无色、黄色、橙色、绿色、蓝色、黑褐色、紫色等。定名时除了蓝色刚玉直接定名为蓝宝石外，其他各种颜色的刚玉需在蓝宝石名称前冠以颜色形容词，如黄色蓝宝石、绿色蓝宝石。

5. 发光性

（1）红宝石：在紫外线下红宝石均可发现红色荧光，且长波下的强度高于短波下，日光也可激发其红色荧光，但含Fe高者荧光较弱。

（2）蓝宝石：绝大多数天然蓝宝石在紫外光下常表现为惰性，而合成蓝宝石的发光性在短波紫外光下发淡蓝—白色或淡绿色荧光。

6. 吸收光谱

（1）红宝石的典型光谱特征是在其红色区692nm、690nm处有2条清晰的吸收线，476nm、475nm、468处有3条吸收线，而紫色、黄色、橙色区有吸收带。

图6-12　红宝石的典型光谱（彩图45）

（2）蓝色和绿色蓝宝石以及由Fe^{3+}致色的黄色蓝宝石典型光谱是470、460、450nm吸收线，当颜色较深时连成一起形成一较宽的吸收带。浅灰色蓝宝石仅可在450nm处见一条模糊的吸收线。而合成蓝宝石则缺失这些吸收线。

图6-13　蓝宝石的典型光谱（彩图46）

7. 内含物

常含有三组金红石针、色带。不同产地的红蓝宝石其内部均含有不同的特征。

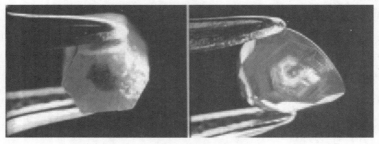

图6-14　红宝石色带（彩图47）

（1）缅甸产红宝石是世界上优质红宝石的主要产地，其价值最高。呈红色、玫瑰红色，鲜艳、柔和而明亮，透明但不清澈，最高品级称为"鸽血红"，即红色纯正，且饱和度很高。内含物常含有三组金红石针。

（2）泰国红宝石：是世界上红宝石主要的产出国，因其含有微量的铁质，颜色偏暗，多呈暗红色。红宝石透明，内含物比较洁净。

（3）印度：多呈玫瑰红色，粒度较大，透明度差，呈半透明，常用来制作弧面型宝石和雕刻制品。

在越南产的红宝石其外观特征与缅甸较相似，颜色多呈粉红色，裂纹较发育，透明度好的少，差的多。我国产的红宝石发现于云南、安徽、青海等地，其中云南红宝石稍好。

总之，天然红宝石极少有完美无瑕的，或多或少都含有包裹体，即所谓"十红九裂"。

世界上优质蓝宝石产于印度喀什米尔地区，发现于1881年，产量很少。喀什米尔地区的"矢车菊"蓝宝石，一直被誉为蓝宝石中的极品，它为一种朦胧的、略带紫色调的浓重的蓝色。给人以天鹅绒般的外观。由于武装冲突及恶劣的自然环境，目前市面上已见不到该品种。

（4）斯里兰卡：产透明蓝宝石和星光蓝宝石两种，是目前市场优质蓝宝石的代名词。其内含物：常含有三组金红石针、指状包体和色带。

（5）山东蓝宝石：是我国质量最好和产量最多，山东蓝宝石以粒度大、晶体完整而著称。最大达155克拉，但颜色过深、透明度较低。常需要经过优化处理，将其颜色变浅后再进入市场，与蓝宝石相比，黄色蓝宝石大多透明度较好。

8. 特殊光性

（1）星光效应：许多产地的刚玉宝石含有丰富的定向排列的金红石针状包裹体，它们在垂直光轴的平面内呈现出120°角度相交，构成三组不同的包裹体方向，当加工成弧面形宝石后可显示六射星光。偶尔可见十二射星光现象。

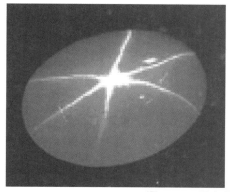 

图6-15　星光宝石（彩图48）

（2）变色效应：少数蓝宝石具变色效应，它们在日光下呈蓝紫色、灰蓝色，在灯光下呈红紫色，颜色变化不明显，颜色通常也不鲜艳。

三、红宝石及仿制品的鉴别

广义上所有红色宝石都可能成为红宝石的仿制品，但在外观上与红宝石相似的宝石主要有红色尖晶石、红色石榴石、粉红色电气石、及红玻璃等。

表6-7 红宝石与仿制品

宝　石	多色性	颜　色	内部特征	其他特征
红宝石	十分明显	不均匀色带	金红石针包体，裂纹	十红九裂
石榴石	无	深均匀无色带	干　净	无荧光
尖晶石	无	浅均匀无色带	干净八面体晶体	
电气石	十分明显	均　匀	管状包裹体	热电性
红玻璃	无	均匀无色带	干净，气泡	温感，轻

1. 红宝石与红色尖晶石的区别

红色尖晶石颜色与红宝石极为相似，但红尖晶石常常带有褐色色调，没有多色性，折射率值（1.718）与红宝石（1.76~1.78）不同，没有双折射率，相对密度值（3.60）小于红宝石（3.99）吸收光谱缺少蓝区的三条吸收谱线，荧光呈红色但通常较红宝石弱。显微镜下可见八面体晶体或负晶。

2. 红宝石与红色石榴石的区别

铁铝榴石颜色通常较红宝石深，呈褐红–暗红色，镁铝榴石有时呈浅黄红，石榴石无二色性也无荧光。镁铝榴石和铁铝榴石光谱都与红宝石的光谱不同。显微镜下石榴石的二组针状金红石近直角相交，另一组不在该平面内，而红宝石内三组金红石针呈现出120°或60°夹角。

3. 红宝石与红色碧玺的区别

红色碧玺为粉红色，有时有深桃红和浅桃红之分，带有褐色或橙色色调，二色性极为明显，为深红/浅红的形式与红宝石呈红/橙红的形式不同。红色碧玺的折射率值（1.620~1.640）和相对密度值（3.05）明显小于红宝石，而双折射率（0.014~0.020）大于红宝石，在显微镜甚至放大镜下的适当方向可见到红色碧玺的后刻面棱重影。红色碧玺还具有针状和管状包体，以及不规则状的扁平状液态包体。

4. 红宝石与红玻璃的区别

玻璃为常见的仿制品，在偏光镜下全消光或黑十字异常消光。折射率值不定，通常为1.45~1.70之间，偶尔会大于1.70。相对密度多变，在2.60左右，吸收光谱可能除红色外全吸收，也可能在黄、绿区吸收显示稀土谱。显微镜下可见气泡，漩涡纹等内部特征。

四、蓝宝石和仿制宝石的鉴别

与蓝宝石相似的宝石有蓝色尖晶石、蓝锥矿、堇青石、黝帘石、蓝色碧玺、蓝玻璃等。

表6-8　　　　　　　　　　　　　蓝宝石与仿制品

宝　石	颜　色	多色性	RI	DR	SG	光　谱
蓝宝石	蓝-紫蓝	明显	1.76~1.78	0.008	4	450nm谱
尖晶石	蓝色	无	1.715	单折射	3.60	无特征谱
碧　玺	蓝色	明显	1.62~1.64	0.014~0.020	3.01-3.11	无特征谱
海蓝宝石	海蓝	蓝/无	1.57~1.58	0.004~0.006	2.58~2.80	无特征谱
蓝锥矿	蓝-紫蓝	蓝/无	1.75~1.80	0.047	3.65	无特征谱
堇青石	蓝色	紫蓝-黄	1.54~1.55	0.009~0.010	2.65	无特征谱
黝帘石	紫蓝色	紫-蓝-绿	1.69~1.70	0.009	3.35	无特征谱
玻　璃	蓝色	无	1.45~1.70	单折射	变化	无特征谱
合成尖晶石	蓝色	无	1.727	单折射	3.63	红区三条

五、合成红、蓝宝石的鉴别

合成红宝石方法主要有：焰熔法、助熔剂法、水热法；合成蓝宝石方法主要有：焰熔法。

（一）焰熔法合成红宝石的鉴别

焰熔法合成红宝石是市场上最常见的合成宝石之一，同时也是最早的合成宝石。自从十八世纪末，焰熔法问世以来，这种方法合成的红宝石就大量地流入市场，历时已近百年。焰熔法合成红宝石的特征比较明显，较易于鉴定。

1. 外　观

焰熔法合成红宝石的颜色最常见为鲜红色和粉红色，纯正、艳丽，而且透明、洁净，通常过于完美。

2. 弯曲生长纹

弯曲生长纹是合成红宝石的生长过程中，由于熔滴汇成的熔融层呈弧面状，并且逐层冷凝而造成的。早期的合成红宝石弯曲生长纹非常清楚，但随着生产工艺水平的提高，生长纹也越来越不明显。

3. 气　泡

焰熔法合成红宝石的另一个重要特征是含有气泡，气泡通常很小，在低倍放大镜下成黑点状，如果气泡较大，高倍放大能分辨出气泡的轮廓，常呈球形，椭圆形或蝌蚪形，气泡多时会成群呈带状分布。

4. 多色性

天然红宝石尤其是大颗粒优质红宝石，顶刻面的取向一般是垂直结晶C轴的，用二色镜从台面观察看不到多色性。而焰熔法合成红宝石作为天然红宝石的低廉仿制品，在加工中不注意取向，从台面观察常能见到红和橙红色明显的二色性。

（二）熔焰法合成蓝宝石

焰熔法合成蓝宝石有多种颜色，产生颜色的致色元素可与天然的杂质元素不同，例如，天然绿色的蓝宝石由Fe^{3+}、Fe^{2+}和Ti^{4+}所致；而焰熔法合成的绿色蓝宝石则因加入少量钴和镍元素而呈绿色。由于致色剂的不同，也导致其他某些物性的变化。

表6-9   熔焰法合成蓝宝石与天然蓝宝石的区别

	天然蓝宝石	合成蓝宝石
颜 色	柔和，不均匀，色带	饱和度高，艳丽均一
内部特征	金红石针包体，裂纹	内部干净，在放大镜下可见弯曲生长纹和气泡
吸收光谱	有	无
荧 光	无	有

（三）焰熔法合成星光红、蓝宝石

通常呈半透明状，粉红至红色和灰蓝到蓝色，目前有两种方法可以合成星光红、蓝宝石，一种是焰熔法，另一种是提拉法，两种方法合成的星光红、蓝宝石都具有典型，较易于识别的特征。

图6-16   合成星光和天然星光的星线特征的比较（彩图49）

1. 星线特征

焰熔法合成星光红、蓝宝石的星线细长、清晰、完整，贯穿整个弧面型宝石表面，而天然星光红、蓝宝石的星线常常较粗，从中心向外逐渐变细，星光中部显示一团光斑，俗称宝光。天然星光的星线还可能不完整，不规则。

2. 弯曲生长带

焰熔合成星光红、蓝宝石弯曲生长带或弯曲生长线相当明显，成粗大的色带，易于在宝石的侧面观察到，尤其用聚光透射照明之下，肉眼即可见到。弯曲生长带往往含有细小密集的气泡。天然星光红蓝宝石也常见色带，但色带是平直的或带弯角的。

（四）助熔剂法合成红、蓝宝石

由于助溶剂法的生产成本很高，该方法合成的红、蓝宝石的售价也相当高，因而其产量远较焰熔法合成的红、蓝宝石为少。生产的厂家也不多。目前世界上大约仅有不到十家的生产者，虽然各厂家的合成技术各异，合成的红、蓝宝石也有各自的特点。但是，这种方法合成的红、蓝宝石仍具有许多共同的特征，也是与天然宝石鉴别的重要特征。

1. 外观

助溶剂合成红、蓝宝石的颜色与天然红、蓝宝石相似，可有各种色调的红色和蓝色，透明度根据合成的质量从半透明到透明，单颗宝石通常都具有内含物，尤其是各种形态的愈合裂隙。外观上与天然宝石十分相似。

2. 铂金属片

助溶剂合成宝石中有时可见铂金片，它们常具有三角形、六边形、长条形或不规则的多边形，铂金片在透射光下不透明，反射光下显示银白色明亮的金属光泽。

3. 助溶剂残余包裹体

助溶剂包体可呈单个的管状包体，负晶，或者聚集成栅栏状存在于合成红宝石中，此外，还常见微小的助溶剂包体可呈雨点状、网格状等形态。微小的助溶剂包体往往很难放大到可以观察其结构的程度，故认识其可能出现的分布图式也是非常重要的。

4. 面纱状愈合裂隙

助溶剂法合成红、蓝宝石内发育有大量面纱状愈合裂隙，其上分布了大量的呈指纹状、网状或树枝状的助溶剂包体。天然红宝石也会出现不规则的面纱状愈合裂隙，但其上分布是气液包体。

六、红、蓝宝石的优化处理

红、蓝宝石的优化处理的方法很多，有传统的热处理、染色处理、注油处理等，新发展的处理方法有玻璃充填、加充填物的热处理、表面散处理和辐照处理等。

1. 热处理

热处理的目的：使蓝宝石产生好的蓝色（变深或变浅）；增加红、蓝宝石的透明度；将浅黄色、黄绿色的刚玉变蓝色。

图6-17　热处理前后的颜色变化特征（彩图50）

热处理红、蓝宝石不易鉴别，且不需鉴别，主要有颜色的不均匀现象；表面有坑、麻点和多面腰棱；包裹体的熔蚀现象和盘状裂隙。

2. 扩散处理

在高温下使致色离子进入浅色或无色样品的表面晶格中，形成一层薄的有色扩散层。其厚度一般为0.004～0.4mm。用Cr做致色剂时可产生红色扩散层；用Fe、Ti做致色剂时可产生蓝色扩散层；用Cr、Ni做致色剂可产生橙黄色扩散层。这种扩散处理的蓝宝石在泰国是进行批量生产，也称"美国蓝宝"，在中国称"泰国蓝宝"。

鉴别：颜色多集中于腰围、刻面棱及开放性裂隙中。扩散处理的蓝宝石通常缺失450nm的吸收带。

3. 充填处理红宝石

许多红宝石原石存在凹洞和较大的开放裂隙，将油、胶、玻璃等物质充填于红宝石的裂隙或空洞中，以掩盖这些瑕疵。

鉴别：（1）注油处理的红宝石放大检查时可以发现裂隙内有五颜六色的干涉色，当部分油挥发后可留下斑痕及渣状沉淀物。热针触之可有油珠析出。

（2）注胶处理的红宝石裂隙内胶的光泽明显低于红宝石主体的光泽，裂隙较大时，针尖可将其内的胶划动。红外光谱中出现胶的吸收峰。

（3）玻璃充填的红宝石往往裂隙十分发育，裂隙内玻璃的光泽明显低于红宝石主体的光泽，大的裂隙处所充填的玻璃平面往往凹陷。有时可见到未逸出的气泡。填充在裂隙及孔洞中的玻璃可能会存在流纹、气泡、脱玻化的枝状微晶等现象，是证明其为玻璃而非天然包裹体的重要证据。

七、红、蓝宝石的质量评价

红、蓝宝石的质量主要受颜色、净度、切工及重量影响，但国际上尚无广为接受的统一的品质分级标准。

1. 颜　色

颜色是评价红、蓝宝石质量最关键的因素。红宝石的颜色常见的有红色、橙红色、紫红、粉红及褐红，其中最好的颜色是所谓的鸽血红，即纯正的红色。蓝宝石有蓝色、紫蓝色、绿蓝色、黑蓝色等，其中以纯蓝色或微带紫色调的蓝最受欢迎。色彩纯，颜色色调及饱和度要高，则颜色最佳。颜色最好的红宝石仍然产于缅甸，尤其是抹谷。泰国红宝石颜色过暗。而最优质的蓝宝石产于克什米尔，其特征的颜色是矢车菊蓝，即微带紫色调的蓝色，并具有天鹅绒般的质感。澳大利亚蓝宝石颜色深且不均匀，有明显色带。

2. 净　度

红宝石和蓝宝石的净度当然越高越好。但有色宝石的净度，主要通过肉眼观察其瑕疵的明显程度来评价。肉眼在顶灯照明下见不到明显的裂隙、包体和色带则属上品，如瑕疵影响到其耐久性及透明度则品质较差。

3. 切　工

红、蓝宝石的切工主要从琢型、比例、对称性、抛光程度等方面来评价。其最常见的琢型是椭圆刻面型和圆多面型及阶梯型。外观轮廓要美观、长宽比例及全深比要协调。肉眼观察没有明显的对称性缺陷和抛光痕即为上等修饰度。其切工的好坏也会影响到其颜色和亮度。

4. 重　量

优质红宝石很少有大颗粒的，1~2克拉就视为珍品了。但大颗粒的优质蓝宝石则相对较多，10克拉的优质蓝宝石也不很罕见。

5. 特殊光学效应

对于有特殊光学效应的红、蓝宝石，除了上述因素外，还要考虑星线是否匀称、连续、中心宝光是否强等因素。星光红宝石的价格略低于同等质量的透明红宝石品种。星光红宝石主要产自缅甸和斯里兰卡。

第三节　祖母绿和海蓝宝石

祖母绿和海蓝宝石同属于绿柱石矿物，在珠宝界是一个大家族，祖母绿是含铬的绿柱石，其颜色如春天的绿色，给人生机和活力，象征机遇、幸福、善良。作为五月的生辰石，欧美人较为喜欢，为世界五大名贵宝石之一。而海蓝宝石是因其颜色酷似海水而得名，以其淡雅的海水蓝色深受人们的喜欢，被誉为三月生辰石，成为勇敢、沉着和永葆青春的象征。

图6-18　祖母绿和海蓝宝石（彩图51）

一、祖母绿和海蓝宝石的基本性质

1. 化学成分

$Be_3Al_2Si_2O_6$（铍铝硅酸盐），含有杂质元素Cr、Fe、V等微量元素，属于他色宝石。含致色离子Cr者，其颜色呈翠绿色，称祖母绿；含致色离子Fe者，其颜色呈天蓝色或海蓝色，称海蓝宝石；含致色离子Cs、Li和Mn者，其颜色呈玫瑰红色，称铯绿柱石；含Fe并呈金黄色、淡柠檬黄色者，称金色绿柱石；含V呈绿色，称绿色绿柱石。

2. 结晶特征

属六方晶系（U），晶体呈六方柱状，主要由六方柱、六方双锥和平行双面等单形组成；表面常见横纹，轴面上可见六方形蚀痕，柱面上可见长方形蚀痕；横断面呈六边形。

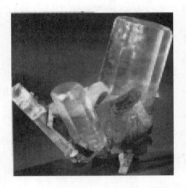

图6-19　绿柱石晶体形态（彩图52）

3. 物理性质

硬度7.5；相对密度：2.67～2.78，不同产地祖母绿因杂质元素的不同，相对密度值会有变化；透明—半透明，玻璃光泽，折射率1.56～1.59，双折率0.004～0.009，一轴晶负光性；色散0.014；多色性较明显，具有二色性，祖母绿多色性，淡黄绿色/绿色；淡蓝绿/绿色。绝大多数天然祖母绿、合成祖母绿在查尔斯滤色镜下会变红。印度和南非的祖母绿在查尔斯滤色镜下呈现绿色，曾一度被误认为是祖母绿的仿制品。另外，海蓝宝石在滤色镜下呈嫩绿色，而蓝色托帕石呈现灰蓝色，两者差别较为明显。

4. 内含物

祖母绿内含物极其丰富，主要为晶体矿物包体、气液包体及空洞、羽状体、生长色带和裂纹。不同产地的祖母绿内含物有差异，从而可根据内含物的特征来鉴定宝石，如哥伦比亚：具有特征的气、液、固三相包裹体，固体包体为石盐，液态包体为石盐水，气体为封闭在液态包体中的气泡；乌拉尔：具有典型的含似竹节状阳起石针状晶体和云母片；印度："逗号"状晶洞，是由含气、液两相包裹体以及小粒云母晶体构成特殊的形状。海蓝宝石的内含物：含有平行排列的管状包体，如同下雨，也称"雨状包体"。

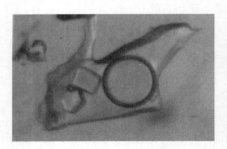

图6-20　祖母绿的内含物（彩图53）

5. 吸收光谱

祖母绿具有典型的吸收光谱红区双线（683nm、680nm），红区一条吸收线线（637nm）和两条弱带（662nm、646nm），黄区一条宽的弱吸收带，蓝区吸收窄带（477nm）和紫区吸收。

图6-21　祖母绿吸收光谱（彩图54）

6. 琢　型

祖母绿加工成八面阶梯琢型；其目的有两个，一是祖母绿脆性大，去掉了四边形的四个角，从而减低因偶然碰撞造成损坏的可能性。二是祖母绿璀璨闪耀，其价值的决定因素往往是它的颜色。

7. 产　地

世界上最优质的祖母绿产自哥伦比亚，一般认为穆佐矿山的祖母绿品质最佳，契沃尔、科斯凯斯特矿山居次。除哥伦比亚外，俄罗斯的乌拉尔山、津巴布韦、印度以及巴西、赞比亚、奥地利、澳大利亚、南非、坦桑尼亚、挪威、美国、巴基斯坦等。在20世纪90年代我国在云南文山州找到了祖母绿矿床，但宝石学价值并不大。世界上优质的海蓝宝石主要产自巴西，占世界海蓝宝石产量的70%以上，迄今为止世界上最大的重达110.5kg的海蓝宝石晶体就产于巴西。俄罗斯的乌拉尔山也是优质海蓝宝石的重要供应地。此外，海蓝宝石的产地还有中国、美国、缅甸、西南非、津巴布韦、印度等。

二、祖母绿与相似宝石的区别

祖母绿主要是根据颜色、内含物和裂纹来肉眼识别，呈透明的翠绿色，在强光照射下（阳光、灯光）颜色变得更加鲜艳透明。宝石内部不同程度的存在裂纹和裂纹中充填的褐色铁质，还有矿物晶体。这些特征可以与合成祖母绿及其他相似的宝石的区别。目前市场上销售的祖母绿常常有裂纹和肉眼可见的包裹体，缺陷较多。

自然界中与祖母绿相似的宝石不多，具商业意义有：铬透辉石、钙铝榴石、绿色碧玺、磷灰石、绿色翡翠、绿玻璃。它们间物理特征差别较大，只需测得各种物理特征参数，不难将它们区分开来。

表6-10   祖母绿与相似宝石的区别

宝 石	硬 度	比 重	折射率	双折射率	其 他
祖母绿	7.25~7.75	2.67~2.90	1.566~1.590	0.005~0.009	固态包体、裂纹
绿色翡翠	6.5~7.0	3.30~3.36	1.66~		翠性
铬透辉石	5.5~6	3.18	1.67~1.70	0.025	刻面棱重影
绿色碧玺	7	3.01~3.11	1.62~1.64	0.018	多色性强，刻面棱重影
钙铝榴石	6.5	3.85	1.74		光泽强，固态包体
磷灰石	5	2.90~3.10	1.63~1.64	0.002~0.005	光泽弱
绿玻璃	5~7	3.4~4.0	1.60		气泡，旋涡纹

三、合成祖母绿及其鉴别

合成祖母绿主要有两种方法，即助熔剂法和水热法。其折射率、密度等物理特性与天然祖母绿很接近。但某些性质还是存在一定差别。最主要的区别在于：

表6-11   天然祖母绿与不同方法合成祖母绿物理性质的区别

宝 石	折射率	双折射率	相对密度
天然祖母绿	1.566~1.590	0.005~0.009	2.67~2.90
助熔剂合成祖母绿	1.560~1.566	0.003~0.004	2.65~2.66
水热法合成祖母绿	1.566~1.605	0.005~0.010	2.67~2.73

（1）合成祖母绿颜色浓艳，有较强的红色荧光，查尔斯滤色镜下呈现鲜红的红色。

（2）天然祖母绿具有独特的包裹体特征和裂纹，而且产地不同，包裹体明显不同，而合成祖母绿其透明，颜色均匀，呈艳绿色或带黄的绿色，肉眼观察内部洁净，在20倍放大镜观察可见内含物。助熔剂法可见云翳状、花边状、烟雾状、面纱状、羽状体；水热法合成祖母绿的内部常有两相包裹体，由硅铍石和孔洞组成钉状包体发育波状生长纹和色带，这是天然祖母绿中所没有的。

四、优化处理祖母绿

天然祖母绿或多或少都存在一些降低宝石清晰度的裂隙，商业往往采用优化处理的办法加以弥补。

1.注油祖母绿

国际珠宝界和消费者的认可，在市场上很常见。其目的是掩盖裂隙，改善颜色和表面光泽，保护材料。注无色油，商业上接受，无需指明。检测：①包装纸是否有油的痕迹；②10倍放大镜观察用顶光灯照射，裂隙处就会产生干涉色；③热针探测或用灯烘烤就会有油珠流出（出汗）。注有色油处理：这种方法除了可以掩盖裂隙、增加透明度外，还可以加深祖母绿的颜色，为处理品。其检测方法：①放大检查时，可见绿色油呈丝状沿裂隙分布，干涸后在裂隙处留下绿色染料。②受热渗出的油和包装纸上的油迹呈绿色；③有色油在紫外灯下可发出荧光。

2. 注胶处理

充填区有时呈雾状，可见流动构造和残留气泡，反射光下网状裂隙充填物。可见异常干涉色。充填物硬度低，光泽弱，钢针可刺入。

3. 箔衬处理

若发现祖母绿首饰采用金属托全封闭式镶嵌，就要怀疑宝石的亭部外缘是否镀有绿色薄膜。放大检查底部绿色薄膜和宝石的接合缝，薄膜会起皱或脱落；接合处可见气泡；颜色鲜艳但多色性不明显；缺少祖母绿典型吸收谱线。

4. 镀膜处理

常采用无色绿柱石作核心，在外层生长合成祖母绿薄膜。镀层很容易产生裂纹而呈交织网状，这是镀膜祖母绿的重要特征。由于主体是绿柱石，因此，典型的绿柱石包裹体也是重要的鉴别特征。此外，由于颜色主要集中在镀层，因此，这种祖母绿在浸液中将有清楚的特征显示。

五、祖母绿经济评价

祖母绿的评价依据主要是产地、颜色、透明度、净度和重量等。

1. 产地

以哥伦比亚祖母绿为最佳，优质者0.2～0.3ct者就可以作为高档首饰戒面，大于0.5ct者，其价格就高于钻石，其次是坦桑尼亚祖母绿，优质者可与哥伦比亚祖母绿相比，其他地区产祖母绿的价格依具体质量而定。

2. 重量

越大者越珍贵。

3. 颜色、透明度和净度可作为一个综合性指标

根据这一综合性指标，祖母绿可分为三个档次。第一档次者，颜色为深翠绿色，或呈带蓝的绿色，透明、包裹体少，裂隙不超过总体积的5%；第二档次者，颜色为翠绿色或带兰的绿色、透明，包裹体少，裂隙不超过总体积的10%；第三档次者：颜色为翠绿带兰的绿色，半透明、透明，包裹少，裂隙不超过总体积的20%。

六、海蓝宝石

海蓝宝石的珍贵程度远不及祖母绿珍贵，但作为三月生辰石的海蓝宝石长期被人们所喜爱，是幸福和永葆青春的标志。海蓝宝石的名称衍生于拉丁语，在中世纪，人们认为它能给佩戴者以见识和使之具有先见之明，有的认为它有催眠的能力，认为一个人口含海蓝宝石，那么，他就能从地狱中召唤魔鬼，并能得到他要问的任何问题的答案，还认为它有压邪的力量，使佩戴者能够战胜邪恶。

图6-22　海蓝宝石（彩图55）

海蓝宝石晶形：六方柱状晶体、柱面常有明显的平行结晶C轴的纵纹，有时发育有六方双锥。海蓝宝石的鉴别相对较容易，主要是与仿制品的区别以及少量优化处理品的鉴定。海蓝宝石显天蓝色、淡天蓝色，常含有典型的雨状包裹体，与其他相似宝石有明显的差别。在此基础上，通过其他物理特征和系统测试，较易将它们区别开来。

表6-12　　　　　　　　　　　海蓝宝石与相似宝石的区别

宝石	硬度	比重	折射率	双折射率	偏光镜下特征
海蓝宝石	7.5	2.67~2.90	1.560~1.600	0.006	四次明暗变化
蓝色蓝宝石	9.0	4.00	1.762~1.770	0.008	四次明暗变化
蓝色锆石	7.5	4.69	1.926~1.985	0.059	四次明暗变化
蓝色黄玉	8.0	3.59	1.610~1.620	0.010	四次明暗变化
蓝色尖晶石	8.0	3.63	1.728	无	全消光或异常消光
蓝色玻璃	7.0	2.37	1.50	无	全消光或异常消光
蓝色磷灰石	8.0	2.9~3.1	1.630~1.667	0.003~0.005	四次明暗变化

第四节　金绿宝石

金绿宝石的英文名称为Chrysoberyl，源于希腊语的Chrysos（金）和Beryuos（绿宝石），意思是"金色绿宝石"。其主要品种是猫眼石和变石。由于猫眼石具有漂亮的底色、灵活的眼线，被列入世界五大名贵宝石，代表了好运。变石是由于它在阳光下呈绿色，在烛光或白炽灯呈红色，被誉为"白昼里的祖母绿，黑夜里的红宝石"。

一、金绿宝石的基本特征

1. 化学成分

$BeAl_2O_4$（铍铝氧化物），含有杂质元素Cr、Fe等微量元素，属于他色宝石。

2. 结晶特征

属斜方晶系，常见假六边形双晶，称为三连晶，厚板状、扁平板状、晶面上常有条纹。

图6-23　金绿宝石三连晶（彩图56）

3. 物理性质

硬度：8.5；相对密度：3.71~3.75强玻璃光泽，透明至半透明。折射率1.74~1.75 双折射率 0.008~0.010 二轴晶正光性，色散0.014；

4. 多色性

明显；变石：强多色性，具有明显的三色性，绿/橙/淡紫—红色；黄、褐金绿宝石：弱至明显。

5. 特殊光学效应

变色效应：在不同光源照射下宝石会出现不同颜色的现象。白光下呈红色，日光下呈绿色。

图6-24　变色效应

变石有两个透光区，一个是绿光区，一个是红光区。由于日光中绿光偏多，所以日光下变石呈现绿色；而白炽灯中红色光偏多，所以白炽灯下变石呈现红色。

猫眼效应：弧面型宝石在光的照射下，表面会呈现出一条闪亮的光带，犹如猫的眼睛，且随光源的移动而移动。造成的原因是内部有一组密集排列包体，如金绿宝石中含有大量而密集并平行排列的针管状包体，当加工取向正确时可产生猫眼效应，在名称上只有具猫眼效应的金绿宝石可直呼猫眼效石。

6. 吸收光谱

变石：具有典型的吸收光谱，红区有吸收线，黄绿区宽吸收带，蓝区吸收线，紫区吸收。

图6-25　变石典型的吸收光谱（彩图57）

黄、褐金绿宝石：紫区444nm强吸收带，蓝绿区两条弱带。444nm为黄色金绿宝石的诊断线。

图6-26　金绿宝石的吸收光谱（彩图58）

7. 变石在查尔斯滤色镜下显淡红色；黄色金绿宝石无反

8. 内含物

放大观察可见"阶梯状"双晶面和羽状体及拉长的管状体及丝状体。

9. 发光性

变石：在长波紫外光弱红色，短波：紫外光 弱红色；黄、褐金绿宝石：因含微量的铁而不发光。

二、品种及鉴别

1. 猫眼石

猫眼石是金绿宝石中著名品种。

（1）颜色：以蒸粟黄或蜜蜡黄色最佳，次为浅黄色、绿黄色、褐黄。

（2）猫眼效应：当金绿宝石中含有大量的平行排列的管状包体，而且磨成凸面型宝石时，则会出现一条亮带，这条亮带随着光线移动而移动，故称为"猫眼活光"。

图6-27　金绿宝石猫眼

猫眼宝石的质量好坏，价值高低，取决于颜色，亮带（强弱），重量以及琢型的完美程度。

（3）折射率：点测1.74±。

（4）吸收光谱：在蓝紫光区444nm处有一条强的吸收窄带，此吸收带具有诊断意义。

具有猫眼效应的宝石还有石英猫眼、海蓝宝石猫眼、碧玺猫眼、磷灰石猫眼、矽线石猫眼、红柱石猫眼，但只有金绿宝石猫眼可以直接称猫眼石，其他宝石均需在猫眼前冠以宝石名称。猫眼石根据折射率、典型吸收光谱、相对密度以及大的硬度区别于其他具猫眼效应的宝石。

2. 变石

变石是一种含微量Cr元素的金绿宝石矿物变种。

（1）颜色：日光下为浅绿、黄绿至蓝绿，灯光下为浅红、紫红到深红。

（2）变色效应：由于宝石对白光的选择性吸收，使能透过宝石的红光与蓝绿色的比例近于平衡。当日光照射到变石上时，透射最多的为绿光，而使宝石呈现绿色；当富含红光的钨丝或白炽灯光照射时，变石为浅红、紫红到深红色。变石的变色效应，随产地不同，变色也有时为艳绿色或翠绿色。

图6-28　变色效应（红色）（彩图59）　　　图6-29　变色效应（绿色）（彩图60）

（3）折射率：RI：1.74-.75；DR：0.009二轴（+）。

（4）多色性：强，三色性明显，深红、橙黄、绿色。

（5）吸收光谱：为典型吸收光谱，红区680nm处有一双线，红橙区两条弱线，以580nm为中心有一宽吸收带，蓝区一条吸收线、紫区吸收。

（6）发光性：LW 紫外光为红色，SW 紫外光下橙黄色。

（7）查尔斯滤色镜：滤色镜下呈深红色。

（8）内含物：常见黑云母片，扁平状的气液包裹体。

3. 变石猫眼

变石猫眼是金绿宝石中最稀少的一个品种，它集变色和猫眼效应于一身，当变石中含有大量平行排列的针管状包裹体、琢磨成凸面型宝石时，能产生猫眼效应。在加工过程中，变色和猫眼亮带都要选择最佳方向，但往往相互矛盾，这给琢磨变石猫眼造成一定的困难。变石猫眼的鉴别特征同变石。

4. 金绿宝石

金绿宝石是达到宝石级的透明品种，由于含铁量的不同，颜色可呈淡黄、蜜蜡黄、金黄和黄绿色，其中以蜜蜡黄最好，通常琢磨成刻面型。主要鉴别特征是折射率1.74~1.75，DR0.009二轴（+），具有典型吸收光谱，蓝紫区444nm处的吸收窄带，硬度大（H8），耐磨性能好，相对密度3.72，较为稳定。

三、金绿宝石与仿制品的鉴别

1. 猫眼及其相似宝石的鉴别

金绿宝石猫眼：具有典型的光谱，蓝区444nm处可见一条强的吸收窄带，比重大，在所有的重液中都下沉。

石英猫眼：无典型的吸收光谱，低折射率RI＝1.54，相对密度2.65，在2.65的重液中呈悬浮状态；而金绿宝石相对密度高3.72，在2.65重液中快速下沉。

人造猫眼：为玻璃纤维聚集而成，由于玻璃硬度低，耐磨性差，表面有大量的磨擦痕，易于区别。

表6-13　　　　　　　　　　　　　　猫眼与相似宝石的区别

宝　石	折射率	比　重	其　　他
猫　　眼	1.74~1.75	3.72	猫眼灵活，用光照射，向光的一侧呈体色，另一侧呈乳白色有大量而平行排列的丝状及针管状内含物
石英猫眼	1.54~1.55	2.65	猫眼质地较粗，线状反光一般不够明亮。针状、晶体、内含物
人造猫眼	1.52	2.6可变	蜂窝状结构

2. 变石仿制品

合成刚玉仿变石：放大观察可见弯曲生长纹和变形气泡，具有典型的吸收光谱，表现为红光区有吸收线，黄绿区宽的吸收带，蓝区475nm有吸收线，紫区吸收。

合成尖晶石：放大观察可见弯曲生长纹和变形气泡，由于为单折射宝石，无多色性，偏光镜下为异常消光。低的折射率、单折射、无多色性与变石相区别。

红柱石：由于强的多色性，并显示出红和绿色的方向性变化特征，常被误认为是变石。二者的区别在于红柱石的红色和绿色是在不同方向下进行观察，而变石的红色和绿色是在不同的光照条件下进行观察。

四、金绿宝石的产地

金绿宝石常产于古老的变质岩、花岗岩、伟晶岩中。金绿宝石主要产地在巴西、斯里兰卡、印度南部、马达加斯加、津巴布韦、赞比亚、缅甸等。巴西米纳斯吉拉斯是世界上最大的金绿宝石产地之一，斯里兰卡金绿宝石多为深绿稍带棕色。

巴西是猫眼宝石主要产出国，多是黄色高档猫眼，斯里兰卡也盛产质量极高的猫眼宝石。

变石主要产出国是俄罗斯乌拉尔，其色绿、质好、体小。次为巴西，产蓝绿色小于3ct的优质变石，斯里兰卡变石为橄榄绿色，津巴布韦变石为翠绿色。

金绿宝石以自身绚丽多姿的神秘光彩跻身于世界五大宝石之列，为无数珠宝爱好者着迷倾倒。无疑拥有一种金绿宝石饰品，不仅仅是拥有某种物化的价值，尽管这种饰品价格不菲，更重要的是拥有了一种艺术的、文化的、精神上的愉悦与享受，这点将超越前者而长久地驻留在人们的心中。

第七章　一般常见宝石

第一节　石英族

石英是自然界中最常见、最主要的造岩矿物。它在珠宝界其数量和应用范围大。在自然界，石英常呈单晶或集合体产出，可呈显晶质、隐晶质等多种结晶形态。

一、单晶石英宝石的基本性质

在宝石学中，单晶体石英统称为水晶，是石英族宝石中最普通、最常见而又最古老的一种。古希腊人认为水晶是冰根据神的意志演变成的石头，由于它晶莹、透明、无瑕。欣赏水晶时使人联想起清澈、纯净、没有任何杂质的山泉溪水，令人心旷神怡，更有人相信水晶中隐藏有神灵，把它做成圆球加以凝视，可以预言未来。所以，人们很喜欢将水晶球陈列于家中，以保佑全家平安。中国古代称水晶为"水精"、"玉晶"。考古工作者已在许多古代遗址中发现有水晶制品。高贵典雅的紫晶被列为二月生辰石，"精力充沛、避邪、忠诚、善良"。 水晶的纯净、透明成为心地纯洁的象征。人们把结婚15周年称为"水晶婚"。

水晶除了用作宝石之外，还因其所具有的其他物理性质广泛地应用于电子工业和其他领域。除了无色之外，还有紫色、黄色、粉红色、褐色、黑色甚至绿色等。这些单晶质的石英在宝石学上分别命名为紫晶、黄水晶、芙蓉石、烟晶和墨晶，当含大量的针状和长纤维状包裹体时，也称之为发晶。

图7-1　水晶晶簇（彩图61）

1. 化学成分

SiO_2。矿物学研究中，自然结晶的 SiO_2 有一系列同质多象变体。纯净时形成无色透明的晶体，含微量的杂质元素 Fe、Al、Mn 等时能使无色石英（水晶）产生颜色，如紫色、烟色、粉红色等。

2. 晶系及结晶习性

三方晶系：常见柱状晶体，柱面发育横纹，常见单形有六方柱、菱面体、三方双锥。

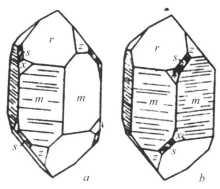

图7-2 石英的晶形

3. 物理及光学性质

（1）颜色：无色、紫色、黄色、粉红色、乳白色、褐色、灰至黑色等。

（2）光泽及透明度：玻璃光泽。透明，少数因包裹体影响透明度稍低。

（3）解理和断口：无解理，贝壳状断口。

（4）硬度：摩氏硬度：7.5相对密度：2.65。

（5）光性：一轴晶正光性，多数呈"牛眼状"干涉图。

（6）折射率：1.544~1.553，双折射率：0.009。水晶的折射率非常稳定，可以作为折射仪的校准样品。色散率：低 0.013。

（7）多色性：多色性强弱受体色深浅影响。

（8）特殊性质：具压电效应和热电效应。

（9）发光性：一般不发光。

（10）吸收光谱：无特征谱。

（11）特殊光学效应：猫眼效应和星光效应。

4. 内含物

包裹体丰富，存在缺陷，含有大量气液包体（絮状物），晶体包体。气—液相（流体）包裹体，负晶，各种形态的固相包裹体。

5. 产状和产地

石英类单晶宝石主要产于伟晶岩脉或晶洞中，几乎世界各地都有水晶矿的产出。而彩色水晶的著名产地主要有巴西的米纳斯州和吉拉斯州、马达加斯加、美国、俄罗斯、缅甸、中国等。

二、水晶的分类

根据颜色，可将单晶石英划分成不同的宝石品种：水晶、紫晶、黄晶、烟晶、芙蓉石等；依据特殊的光学效应及内含物又可划分为星光石英、石英猫眼及发晶。

1. 水晶

指无色透明的石英晶体。一般切磨成水晶串球项链、水晶球、玉雕刻品。由于无色水晶在自然界分布较广，产出较多，因此，对无色水晶的工艺要求较高，应完全透明无缺陷，并有一定的块度。内含物：有各种包裹体：

（1）气液两相包裹体有负晶和愈合裂隙。

（2）晶体包裹体有金红石、电气石、阳起石、赤铁矿、褐铁矿、针状矿等。

（3）当含有大量微细裂隙的水晶，因裂隙对光的干涉形成晕彩，也称彩虹水晶。

水晶多呈单个柱状晶体或晶族产于伟晶岩或其他岩石的晶洞和裂隙中，世界上最大的水晶晶体重达40吨。水晶产地很多，巴西是著名的水晶产地之一，我国广西、湖南、江苏、海南等地都有水晶产出，江苏省东海县既是我国重要的水晶产地，又是水晶集散地。

2. 紫晶

呈淡紫、紫红、深紫色的水晶晶体。因Fe^{3+}而成色，一般分布不均匀，最常见的是平直色带，紫晶在自然界产出相对较少，加之颜色高雅，受人喜爱，被誉为"水晶之王"，价值较高，一般用来做戒面，当杂质含量较多时用于串珠项链或用于雕刻工艺品。紫晶的颜色以带有紫红色为最佳。

图7-3　紫晶白菜（彩图62）

紫晶产地遍布世界各地，但仍以巴西的紫晶最为著名。赞比亚、马达加斯加也是重要的产地。我国紫晶产地分布在山西、内蒙、山东、河南、云南和新疆等省，主要为热液石英脉型和伟晶岩型的矿床，产量较小。

3. 黄水晶

图7-4　黄水晶（彩图63）

呈浅黄、黄色、黄褐色的水晶晶体。因Fe^{2+}和结构水而呈色，黄水晶在自然界产出较少，常同紫晶及水晶晶簇伴生，市面上流行的黄晶多数是由紫晶加热处理而成。质量以金黄色、完全透明为最佳。一般切磨成宝石戒面。有意义的黄水晶产地是马达加斯加、巴西、西班牙和缅甸。我国的产地有新疆、内蒙古、云南等地，产于伟晶岩中。

4. 烟晶

呈烟灰、褐灰、褐色等水晶体，烟晶的透明度从半透明到不透明。烟晶加热后可变成无色水晶。

呈茶色的又称茶晶；呈黑色、深褐色的又称墨晶。烟晶的分布比较广，主要用来做串珠项链或改色原料。市场上的许多烟晶实际上是经辐射处理的无色水晶。

5. 芙蓉石

粉红色，较深色的很少见，芙蓉石的颜色是由微量锰（Mn）、钛（Ti）引起的，颜色略深的芙蓉石有明显的多色性。芙蓉石的颜色不太稳定，在空气中加热到570℃可退色。在阳光下晒颜色能变淡。但置于水中颜色稍有恢复。芙蓉石很难称得上单晶，常呈半透明至亚半透明，偶见透明。芙蓉石产于伟晶岩，储量非常丰富，产地也很普遍，最著名的产地是巴西、马达加斯加、美国等，我国的芙蓉石主要产于新疆。

6. 发晶和鬃晶

指无色透明水晶中含有大量纤维状、针状、放射状等形态矿物包裹体的水晶。细如发丝者称"发晶"。粗如鬃毛者称"鬃晶"。

好的发晶应透明度高，丝状物清晰，且排列有一定规律或呈几何图案。发晶一般用作观赏标本。

图7-5　发　晶（彩图64）

7. 石英猫眼

石英猫眼在古代又称为"勒子石"。石英猫眼外观上与猫眼相似，可具有精美的猫眼状光带，通常为半透明，浅灰到灰褐色，也可带有黄和绿的色调。猫眼效应是由于含有细密的平行排列的管状包体或者金红石针。石英猫眼的主要产地有斯里兰卡、印度和巴西。

8. 星光石英

具有星光效应的石英主要见于芙蓉石，有时也见有无色的及淡黄色的星光石英。星光石英呈六射星光，但星彩不明显，可显示透射星光现象，星光是由于定向排列的细小金红石针所引起的。我国星光石英主要产于新疆阿尔泰地区。

三、合成水晶

大约在1905年世界上第一颗水热法合成水晶诞生，70年代原苏联合成了黄晶和紫晶，至今全世界每年约有20吨彩色水晶被用于珠宝业，主要品种有合成无色水晶，合成紫晶、合成黄晶、另有少量粉红色、绿色、蓝色及黄绿双色的合成水晶。鉴别合成水晶与天然水晶的主要依据是内部包裹体。

表7-1　　　　　　　　　合成水晶与天然水晶的区别

品　种	天然水晶	合成水晶	玻璃球
内含物	存在缺陷，含有大量气液包体（絮状物），晶体包体	干净不存在任何缺陷面包渣状的包裹体	干净、气泡
透明度	透明晶莹，反光柔和，无色	透明但不晶莹 反光面多且明亮，呈白色	透明
加　工	要求严格，平直	机械抛光，圆滑	温感
颜　色	分布不均匀，最常见可见色带	均匀，无色带	

合成紫晶的鉴定特征

水热法合成紫晶始于70年代，目前已大量地进入宝石市场。合成紫晶是在合成水晶的溶液中加Fe_2O_3和$Fe(OH)_3$，使Fe进入石英晶格，合成出的晶体开始是无色，经过γ-射线的辐照处理后形成紫色。与天然紫晶比较，合成紫晶有下列的特点：

（1）颜色较深，形成三角锥状的色区，即使在切磨后的宝石中也能够观察到。但如果合成紫晶的生长条件，控制得很好，能够消除这种现象。

（2）在正交偏光镜下常出现螺旋桨状的光轴图，而合成紫晶则很少出现这种情况，常见正常的牛眼状光轴图。

（3）合成紫晶有时也出现合成水晶中出现的面包屑状和长管状这两种典型的包裹体。

四、多晶石英—石英质玉石

多晶石英是指由细小石英颗粒集合体构成的单矿物岩石，其基本性质与水晶大致相同，但由于结晶程度、颗粒排列方式等差异，两者物理性质略有差异，如石英质玉石的比重为2.60；硬度为6；微透明—半透明；外形多为团块状、皮壳状、钟乳状。石英质玉石的种类繁多，分布广泛，主要品种：玛瑙、玉髓、东陵石、石英岩等。现介绍如下：

（一）隐晶质石英：玛瑙、玉髓

玛瑙与玉髓的区别在于两者是否具有不规则条带，玛瑙是有条带的玉髓。

1. 玛瑙

即有花纹（条带）的玉髓玛瑙一词源于佛经，意为"马脑"，因古人不了解玛瑙纹带的成因，故有"马脑变石"的误解。玛瑙颜色艳丽，纹饰美观，自古以来一直受到人们喜欢。并给艺术创作提供了绝佳的素材。"千般玛瑙万种玉"的俗话说明了玛瑙品种的繁多。产于我国南京雨花台等地的玛瑙质砾石。具有丰富多变的色彩和瑰丽幻化的图案，有人形容它"似宝非宝、似玉非玉"、"花非花，石非石"，具有极高的观赏价值。

图7-6 玛 瑙（彩图65）

（1）按颜色分为白玛瑙、红玛瑙、绿玛瑙、蓝玛瑙、黑玛瑙。玉雕行业有一口头禅："玛瑙无红一世穷"。红色是玛瑙的主色。目前市场上红玛瑙大多是加热后的颜色，而绿、蓝、黑三色在自然界极少产出，市场上的绝大多数是人工染色而成。由于颜色尚稳定，加之价格与天然品一样均较低廉，所以，不必区别之。

（2）按条带分为缟玛瑙（条带较宽）、缠丝玛瑙（条带十分细窄）。两者的共同特征是纹理为直线状，而不是歪曲状，与普通玛瑙相区别。较为名贵的是由红、白相间条带构成的红缟玛瑙。缠丝玛瑙以红白两色呈丝带状的称之，因色带随玛瑙结构变化，所以表现出流畅和规律的特点。缠丝玛瑙的色带以细如游丝，变化丰富者为好。其中缠丝玛瑙中最珍贵的主体色为红色，价值较高。被誉为"幸福之石"。

（3）按杂质分为苔藓玛瑙、火玛瑙、水胆玛瑙：

苔藓玛瑙：又称藻草玛瑙，"台藓"或"藻草"多为绿色，实际上是由绿泥石细小鳞片聚集而成的绿色苔藓状或由铁锰氧化物聚集而成的黑色树枝状图案，给工艺师的想象提供了很大的空间，因而较为名贵。

火玛瑙：由于在玛瑙微细层理之间含有薄层状氧化铁矿物，在光的照射下可产生薄膜干涉效应，如果切工正确，玛瑙将显示五颜六色的晕彩。主要产于美国的亚利桑那州和墨西哥。

水胆玛瑙：玛瑙中含水者称之。二氧化硅在有气水的情况下，有条件生成晶体时，二氧化硅呈晶体出现，常常在玛瑙的外层或内层成晶体层，余下的水溶液被封闭在玛瑙中心空洞部位，而成为水胆玛瑙。

铁氧化物与氢氧化物形成树状内含物

"山水"玛瑙

内含物创造了风景画面

图7-7 风景玛瑙

风景玛瑙：所含铁的氧化物或铁的氢氧化物形成树状、山水等风景。

玛瑙通常有典型的环带状或纹带状结构而识别，硬度高、耐磨性好、表面较光滑。

2. 玉髓：无具有条带

其含义是玉石的精髓，古人认为是由玉液或琼浆凝结而成的。其实，它只是一种分布很广的隐晶质石英。玉髓以澳大利亚产的绿玉髓（澳玉）价值较高，原料中可见白色皮壳，放大观察水晶的小晶粒聚集在一起，成品中常见有无色细脉状物质分布于绿玉髓之中。

按照颜色特征分为以下几种：

（1）红玉髓：颜色为淡红、深红、褐红色等。由微量氧化铁致色，产于印度、巴西、日本，我国甘肃、宁夏也有产出。

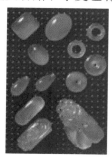

图7-8 绿玉髓和蓝玉髓（彩图66）

（2）绿玉髓：不同色调的绿色。其绿色来源于所含的镍。半透明—透明，色彩均匀，其中最著名的是澳大利亚产的绿玉髓，又名澳洲玉或澳玉。

（3）蓝玉髓：灰蓝—绿蓝色，不透明—半透明。其中最著名的是我国台湾省产的蓝玉髓，其高档品与高质量的绿松石相近。享有"台湾蓝宝石"之称。

（二）显晶质石英：石英岩玉

石英颗粒比玉髓中的颗粒大，为0.1~0.6mm，显示他形粒状，集合体呈块状。该类玉石其实质是石英含量大于85%的变质岩。由石英砂岩或硅质岩经区域变质作用或接触热变质作用而成。由于原岩所含杂质和变质条件的不同，矿物成分除石英外，可含有少量的绢云母、绿泥石、白云母、黑云母等有色的矿物，并造成了石英岩的颜色。所以纯的石英岩为无色透明或者半透明状的白色，含有色次要矿物的石英岩可形成绿色、蓝绿色、粉红色和黑色等。

1. 石英岩

成分中SiO_2占98%以上，为一种纯石英岩，呈乳白色，半透明到微透明，颗粒细小，具油脂光泽，折射率约1.54~1.55，相对密度2.65，硬度7。一般工艺上仅选用白色中带蓝色调的石英岩。如果质量较好时可染成绿色用来仿翡翠。

石英岩用无机染料染色，用来仿高档翡翠。称"马来西亚玉"，是一种带欺骗性的不正确的名称，曾风行我国市场，许多人上当受骗，它是一种结构较细的染色石英岩。其检测方法：放大检查时，可见颜色（绿色）浓集在颗粒之间，或呈丝状沿裂隙分布；在查尔斯滤色镜下呈现红色或粉红色。

2. 东陵石（铬云母石英岩）

为一种具砂金效应的石英岩。主要成分SiO_2达90%，次为铬云母10%，颜色为浅绿到暗绿色。透明至半透明。折射率1.540~1.550左右。相对密度约为2.63，硬度6.5~7。无特征吸收光谱。内含物为大量的铬云母呈小片状分布于石英岩中。其他内含物还有金红石、锆石、铬铁矿等少量晶体分布于其中。东陵石在查尔斯滤色镜下呈红色。

3. 密玉

我国河南密县产出的一种次生石英岩，颜色有绿色、粉红色等。颜色由绿泥石、铁锂云母等引起。密玉的颗粒比较细，但是胶结不好，不好抛光。

五、二氧化硅置换宝石

由于SiO_2交代作用而形成，但宝石材料仍保留了原矿物晶形的特点，如木变石的石棉的纤维状结构和硅化木的木质细脆结构，有时也称为假晶石英岩玉。

（一）木变石（硅化石棉）

组成矿物为SiO_2质的石英，保留了石棉矿物的纤维状形态，抛光后的成品表面具有丝绢光泽，当切成弧形时还可出现猫眼效应。硬度7，相对密度2.64~2.70具韧性。主要品种有：

1. 虎睛石

黄色或褐黄色的硅化石棉，当琢磨成凸面型宝石时，因有游彩，似"虎眼"而得名。

2. 鹰睛石

蓝色、蓝绿色、蓝灰色的硅化石棉，当琢磨成凸面型宝石时，因有游彩，颜色和游彩似"鹰眼"而得名。

3. 斑马虎睛石

褐黄色与蓝色相间，呈条带状的木变石。工艺上要求木变石致密，有较强的丝绢光泽，石料有一定的厚度。

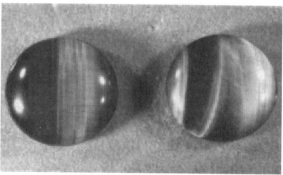

图7-9 木变石和虎睛石（彩图67）

（二）硅化木

二氧化硅置换数百万年前埋入地下的树干，并保留树木乃至树木个体细胞结构，用它可作各种装饰品。这类材料也称树化玉，有各种颜色。主要根据硬度及木质细胞结构来鉴定。

图7-10 树化玉木（彩图68）

石英质玉石主要用于制作小挂件、手镯、手链、项链、雕件，很少一部分做成戒面。因此石英质玉石的质量要求和评价着重看以下几点：

1. 颜　色

应有一定的颜色或形成一定的图案，如缠丝玛瑙、风景碧玉等。

2. 特殊的包裹体

包裹体较大或形成一定的图案，价值较高，如水胆玛瑙、苔藓玛瑙。

3. 质　地

要求颗粒均匀，粒度相对细腻，结构致密，裂隙少。

4. 透明度和块度

要求有一定的透明度和块度。

第二节　石榴石

自然界产出的一个个圆圆的红色石榴石晶体很像石榴中的籽，故称为"石榴石"。石榴石作为生辰石，排在一年之首，可见人们对其重视的程度，被认为是信仰、坚贞纯朴的象征。更有人相信它具有治病救人的神奇功效，如：红色石榴石可以退烧，黄色石榴石可以退黄疸。如果服用后不见效，只会认为售方提供的不是真正的宝石，而绝不会对石榴石的药效产生丝毫怀疑，可见其信念之牢固。石榴子石在自然界分布广泛，各种石榴石有各自的产出条件。

图7-11　石榴石（彩图69）

紫红石榴石商业也称紫牙乌。一月生辰石，象征忠实、友爱和贞洁。

一、分类及品种

石榴石是具有相近化学成分和结晶习性的岛状硅酸盐矿物族，化学公式为$A_3B_2[SiO_4]_3$。并分成两个系列和六个品种。

A：Mg^{2+}、Fe^{2+}、Mn^{2+}　B：Al^{3+}、Fe^{3+}、Cr^{3+}

按类质同象替代分两个系列：

铝榴石系列：B为Al，A分别是Mg、Fe、Mn。镁铝榴石—铁铝榴石—锰铝榴石；

钙榴石系列：B为Ca，A分别是Al、Fe、Cr。钙铝榴石—钙铁榴石—钙铬榴石。

表7-2　　　　　　　　　　　　石榴石族宝石主要品种及成分表

系　　列	种	成　　分
铝石榴石系列	镁铝榴石	$Mg_3Al_2[SiO_4]_3$
	铁铝榴石	$Fe_3Al_2[SiO_4]_3$
	锰铝榴石	$Mn_3Al_2[SiO_4]_3$
钙石榴石系列	钙铝榴石	$Ca_3Al_2[SiO_4]_3$
	钙铁榴石	$Ca_3Fe_2[SiO_4]_3$
	钙铬榴石	$Ca_3Cr_2[SiO_4]_3$

钙铁榴石中仅绿色的翠榴石作为宝石品种，钙铝榴石又包括三个亚种：
铁钙铝榴石（桂榴石）、绿色铬钒钙铝榴石、水钙铝榴石（钙铝榴石玉）

二、石榴石宝石基本特征（共性）

1. 等轴晶系

均质体宝石。

2. 结晶形态

常为菱形十二面体、四角三八面体以及这二者之间的聚形。自然产出除发育完全的晶体外，常呈浑圆柱状或不完整晶体出现。

3. 物理性质

强玻璃光泽，贝壳状断口，断口处可显油脂光泽，无解理，脆性较高；透明，少数半透明，具特殊光学效应。无荧光。

4. 颜　色

除蓝色外，可呈现各种颜色。其中铝榴石系列宝石的品种常为紫红色、红色、橙红色、橙黄色、黄色；钙榴石系列宝石的品种常为黄褐色、黄绿色、绿色、翠绿色等。

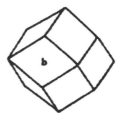

图7-12　石榴石结晶形态

表7-3　　　　　　　　　　　　各种石榴石品种的主要性质

品　种	镁铝榴石	铁铝榴石	锰铝榴石	钙铝榴石	钙铁榴石	钙铬榴石
颜　色	红色、紫红色、黄红色	褐红色、暗红色、紫红色	黄橙色、橙红色	褐黄色、黄色、黄绿色、绿色	黄绿色、翠绿色、黑色	绿色
硬　度	7.25	7.5	7.25	7.25	6.5	7~7.5
相对密度	3.7~3.8	3.8~4.2	4.16	3.60~3.70	3.85	3.77
折射率	1.74~1.76	1.76~1.81	1.80~1.82	1.73~1.76	1.89	1.87
色　散	0.022	0.024	0.027	0.028	0.057	—
内含物	较干净，有时含有少量的针状晶体包体	典型针状金红石晶体，同一平面内相交70°、110°，其他晶体及应力裂纹	不规则，碎裂状、液滴及羽状体	大量圆形包裹体及糖浆状效应，黑色磁铁矿视不同亚种而变化	马尾丝状石棉包裹体	宝石晶体小而罕见

三、石榴石主要品种特征

（一）镁铝榴石（$Mg_3Al_2[SiO_4]_3$）

镁铝榴石的商业名为红榴石，也曾被称为火红榴石，因其英文名Pyrope即源自希腊语Pyropos意为"火红的"、"像火一样"，火红榴石名称更能表示宝石的性质和特点。

1. 颜 色

红、黄红、紫红色。为他色性宝石，颜色由Fe致色，常有Cr的参与。成分纯净的镁铝榴石应为无色。

2. 内含物

镁铝榴石内部较纯净，内含物较少，常见浑圆状的磷灰石，细小的片状钛铁矿和其他针状内含物，有时可见由石英组成的圆形雪坯状小晶体。

3. 吸收光谱

当由Cr致色时，出现类似于红宝石的吸收光谱，680nm右有一弱吸收线。特征宽吸收带位于黄绿区590nm至500nm，蓝区475nm以后吸收。

4. 特殊光学效应

具变色效应，灯光下红色，日光下紫色，挪威的镁铝榴石在白炽光下呈深红色，日光下呈紫色。

5. 折射率、相对密度

折射率1.74~1.76 相对密度 3.7~3.8。

图7-13　石榴石手链（彩图70）

6. 产状产地

镁铝榴石主要产于各种超基性岩，如金伯利岩、橄榄岩和蛇纹岩及其风化而成的砂砾层中，其中产于金伯利岩中的镁铝榴石与钻石伴生，颜色好，但颗粒太小，使用价值不高。砂矿是宝石级镁铝榴石的重要来源。主要产地有缅甸、南非、马达加斯加、坦桑尼亚、美国及中国等。

（二）铁铝榴石（$Fe_3Al_2[SiO_4]_3$）

铁铝榴石是一种最常见的石榴石，又称为贵榴石。颜色以深色、暗色居多。由于光泽较强，硬度大，常用作拼合石的顶层。

1. 颜　色

常为褐色、褐红色、紫红色、深紫红色、紫色、深红色，因颜色较深导致透明度降低。

2. 吸收光谱

具典型的铁的吸收光谱，黄绿区有三条强吸收窄带，分别为576nm、527nm和505nm被形象地称为"铁铝窗"，另外，橙区617nm和紫区425nm有弱吸收。

图7-14　铁铝榴石吸收光谱（彩图71）

3. 内含物

内含物主要为矿物晶体包体，较典型有针状金红石晶体，一般呈短纤维状，相互以110°和70°角度相交；锆石晶体常见"锆石晕"；

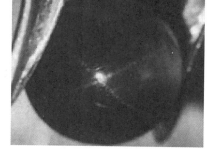

4. 折射率、相对密度

折射率1.76~1.78 相对密度3.8~4.2。

铁铝榴石因内部含有大量定向排列的针状包裹体。当沿恰当方向琢磨成弧面型宝石时，其顶部出现四射星光。该品种比较少见，是石榴石家族中难得的珍品。

5. 产状及产地

铁铝榴石是一种常见的变质矿物，产于片麻岩

图7-15　铁铝榴石四射星光（彩图72）

云母岩和接触变质岩中，砂矿是铁铝榴石的重要来源。铁铝榴石分布广，世界各地均有产出，重要的产地印度、斯里兰卡、巴西、马达加斯加、中国云南等。

（三）锰铝榴石（$Mn_3Al_2[SiO_4]_3$）

1. 颜　色

锰铝榴石是相当罕见的宝石，具有黄色至橙红的各种色调，其中橙红色和黄色最漂亮，价值较高。成分中可含铁铝榴石的组分，并导致褐红色色调，近于纯净的锰铝榴石为黄色至淡橙黄色。

2. 内含物

主要内含物为面沙状的愈合裂隙。愈合面上具有由细长暗色的气液二相包体组成指纹状图案，有时也描述"花边状"。尤其是斯里兰卡及巴西产的锰铝榴石具有这种包体。

3. 折射率、相对密度

折射率1.80~1.82，相对密度 4.16。

4. 吸收光谱

在紫光区432nm和412nm处强的吸收窄带，具鉴定意义。

5. 产状、产地

锰铝榴石主要产于花岗岩、伟晶岩以及砂矿中。伟晶岩型的锰铝榴石通常可有很大的晶体，是宝石级锰铝榴石的重要来源。主要产出国有斯里兰卡、巴西、马达加斯加、缅甸、肯尼亚、美国等，我国新疆阿尔泰、甘肃等地也有发现。

（四）钙铝榴石（$Ca_3Al_2[SiO_4]_3$）

钙铝榴石有各种颜色，黄色、褐黄色、暗红色、绿色和多晶质。主要有三个品种：

1. 铁钙铝榴石

是一种含铁钙铝榴石组分的钙铝榴石，也称桂榴石，颜色为暗红色、褐黄色、褐红色等。折射率1.74~1.75。无典型吸收光谱。产地有斯里兰卡、巴西、马达加斯加、加拿大、坦桑尼亚等。铁钙铝榴石中含有大量的晶体包体，似粒状外观，也描述为糖浆状构造。

2. 钒铬钙铝榴石

颜色为鲜绿色，也称绿色钙铝榴石，在台湾称"沙佛来石"。折射率1.74左右，内部较干净，有时含有棒状晶体包体。绿色钙铝榴石无典型光谱和荧光，在查尔斯滤色镜下变红色。

图7-16　钒铬钙铝榴（彩图73）

3. 水钙铝榴石

为一种多晶集合体，半透明到不透明，也称不倒翁，常见浅绿色，绿色由Cr致色，呈点状、块状和不规则状色斑不均匀地分布，白色部分为无色的钙铝榴石。水钙铝榴石折射率1.70~1.73，相对密度：3.35左右，蓝区461nm处有一吸收窄带，绿色部分在滤色镜下变红，在X荧光下有很强黄色，橙色荧光。

（五）钙铁榴石（$Ca_3Fe_2[SiO_4]_3$）

1. 品种及颜色

因含杂质Ti和Cr，使得钙铁榴石产生不同的颜色，形成的变种有：黑榴石、钛榴石，因含Ti而呈黑色；翠榴石因含铬而呈鲜艳绿色，是石榴石中最有价值之一。

2. 内含物

含有典型的"马尾丝状"（纤维状石棉）包裹体具有特征的鉴定意义。

图7-17　马尾丝状包体（彩图74）

3. 折射率、相对密度

折射率1.89，相对密度3.85。

4. 吸收光谱

翠榴石，含Cr而具典型铬的吸收光谱，红光区有一双线（701nm），693nm吸收线，橙黄区伴有两条横糊带，紫区强吸收形成443nm截止边。

5. 滤色镜下

翠榴石滤色镜下变红。

（六）钙铬榴石（$Ca_3Cr_2[SiO_4]_3$）

钙铬榴石很少用作宝石。颜色呈深绿、鲜绿色。常呈菱形十二面体小晶体，由于颗粒太小，难以琢磨成宝石，一般以晶簇标本为主，主要用作观赏、装饰和收藏品。

四、石榴石的鉴定特征及其与相似宝石的鉴别

石榴子石品种的鉴定是根据颜色、折射率、吸收光谱可以鉴别不同的石榴石品种，这些特征列在表7-4。

1. 与镁铝榴石-铁铝榴石相似红色宝石

红色尖晶石：颜色、内部包裹体。紫外灯下的荧光反应为关键区分点。

红宝石：多色性和吸收光谱为关键区分点。

表7-4　　　　　　　　　　红色石榴石及相似宝石的特征

	红色石榴石	红尖晶石	红宝石	红碧玺
晶　形	菱形十二面体、四角三八面体	八面体	桶状、柱状、板状	柱状、柱面纵纹发育
折射率	1.74~1.76	1.712~1.730	1.76~1.78	1.62~1.65
双折射	无	无	0.009	0.018
多色性	无	无	橙色—红色	桃红—浅粉红
内含物	少量针状物和晶体包体	八面体晶体包体	金红石针状物 双晶纹	气液两相包体 管状包体

2. 与黄色、橙黄、褐黄色石榴石（钙铝榴石、锰铝榴石）相似宝石

相似宝石有黄色水晶、托帕石、金绿宝石等，主要鉴别依据是折射率、密度、多色性、吸收光谱等。

表7-5　　　　　　　　黄色锰铝榴与相似宝石的特征

	锰铝榴石	黄色锆石	黄色蓝宝石	金绿宝石
晶形	菱形十二面体 四角三八面体	四方柱	桶状晶体，六方柱六方锥组成晶面上有横纹	短柱状、板状
折射率	>1.81	>1.81	1.76~1.78	1.74~1.75
光谱	432吸收线	653.5诊断线	450吸收窄带	444吸收线
内含物	液滴状包体	晶体包体、刻面棱双影	干净，有少量晶体包体及针状包体	晶体、管状包体

3. 与绿色石榴石相似的宝石

同绿色钙铝榴、翠榴石、相似的有：祖母绿、铬透辉石、绿碧玺、绿锆石等。

同绿色多晶质的水钙铝榴石（钙铝榴石玉）相似宝石有：翡翠等。其中绿色的不均匀性及表现特征，相对密度、查尔斯滤色镜的反应可视为关键区分特征。

五、石榴子石的产地

石榴子石在自然界分布广泛。各种石榴子石有各自的产出条件。镁铝榴石主要产于基性岩、超基性岩中。金伯利岩中的镁铝榴石以含铬高为特征，是寻找金刚石的指示矿物。铁铝榴石是典型的变质矿物，常见于各种片岩和片麻岩中。钙铁榴石和钙铝榴石是夕卡岩的主要矿物，钙铬榴石产于超基性岩中，是寻找铬铁矿的指示矿物。中国新疆产翠榴石。一般的石榴子石用作磨料。

六、石榴子石的品质评价

石榴石宝石总体来说属中、低档宝石，但其中翠榴石因产地稀少、产量很低等原因，质优者可具有很高的价值，跻身于高档宝石之列。

颜色浓艳纯正、内部洁净、透明度高、颗粒大、切工完美的石榴石具有较高的价值。

其中颜色是首要因素，翠榴石或具翠绿色的其他石榴石品种在价格上要高于其他颜色的石榴石，优质的翠榴石价格可接近甚至于超过同样颜色祖母绿的价格。

除绿色之外，橙黄色的锰铝榴石、红色的镁铝榴石和暗红色的铁铝榴石其价格是依次降低的。

翠榴石、铬钒钙铝榴石价值最高，其次是红色镁铝榴石、橙黄色锰铝榴石。如果石榴石的颜色中带有褐色色调，价值就会降低。

第三节 碧玺（皇权之石）

碧玺的矿物名称为电气石。碧是指绿色，玺为皇帝的御印，是一代帝王的象征，由此可见碧玺在人们心目中的地位。碧玺用来做宝石的历史较短，但由于它鲜艳丰富的颜色和高透明度所构成的美，在它问世的时候，就赢得人们的喜爱，被称为风情万种的宝石。在我国清代的皇宫中，就有较多的碧玺饰物。现在，碧玺是受人喜爱的中档宝石品种，被誉为十月生辰石，象征"安乐、平安"。

图7-18 碧 玺（彩图75）

一、碧玺的基本特征

1.化学成分

电气石在宝石中成分最复杂，颜色最丰富的品种之一，是一种以含B为特征的复杂的硼硅酸盐。化学分子式为

（Ca、K、Na）（Al, Fe, Li, Mg, Mn）$_3$（Al, Cr, Fe, V）$_6$（BO$_3$）$_3$（Si$_6$O$_{18}$）（OH，F）$_4$。

2.晶系及结晶习性

属三方晶系，对称型L^{3}3P，无对称中心。因而晶体两端发育不同的单形，一端为单面，一端为锥。常见单形、三方柱、六方柱、三方单锥、复三方单锥等，柱面纵纹发育，横截面呈球面三角形。三方晶系。

图7-19 碧玺的晶体形态示意图

3.物理及光学性质

（1）颜色：较为丰富，包括光谱色中的各种颜色，并且深浅、浓度不一。富Fe碧玺呈暗绿、深蓝、褐或黑色，高镁碧玺常为黄色或褐色，高锂和碧玺呈玫瑰红色或淡蓝色，高铬常呈深绿色。并且色带发育，晶体沿C轴由中心到边缘呈不同色带。如西瓜碧玺，亦可垂直于C轴呈平行色带，如"双色"或"三色"碧玺。

a.绿色电气石定向　　b.多色电气石（台面∥C轴）　　c.西瓜电气石（台面⊥C轴）　　d.电气石猫眼定向

图7-20　碧玺的晶体（彩图76）

（2）光泽与透明度：玻璃光泽，透明–半透明，黑色多不透明。

（3）折射率和双折射率：RI：1.62~1.65 DR：0.018±0.004 颜色成分变化而改变。宝石级DR常在0.0018附近。一轴晶，负光性。

（4）多色性：碧玺的多色性通常较强，多色性的颜色随体色而变化。色浅的碧玺切割时台面应垂直C轴，而色深的碧玺切割时台面应平行C轴。

（5）无解理，贝壳状断口；硬度：摩氏硬度7~7.5；相对密度：3.01~3.11，随成分而变。粉红色品种带为3.06；色散：低0.01712。

（6）光谱：红色、蓝色和绿色碧玺均显示吸收谱线和带。红色、粉红色，绿区宽吸收带，525nm、450nm、458nm。绿色蓝色：498nm吸收窄带，468吸收带。

（7）发光性：多数无紫外荧光，粉红色品种可呈弱的红色荧光。

（8）包裹体：各相态包裹体，气液相常呈线状、管状或薄层状分布。含大量定向的线状或管状包裹体品种具猫眼效应。

（9）其他性质：具热电效应和压电效应，亦有"吸尘层"之称。

二、碧玺的品种

碧玺按其颜色可分为下列主要品种：

图7-21　碧玺的颜色品种（彩图77）

1. 红—粉红色碧玺

由于含锰而呈红到粉红色，多色性明显，呈红色到粉红色。价值最高的为商业称为"双桃红"的碧玺。

2. 蓝色碧玺

由于含铁而呈蓝色，多色性由明显到弱，呈深蓝色和浅蓝色。

3. 绿色碧玺

由于含铬和钒元素而呈绿色，多色性明显，为浅绿色和深绿色。双折射率高，通常为0.018，最高为0.039。

4. 褐色碧玺

多为镁碧玺，多色性明显，为深褐色到绿褐色。

5. 双色碧玺

往往沿晶体的长轴方向分布的色带（双色、三色和多色），或呈同心带状分布的色带，通常内红外绿时称"西瓜碧玺"。

三、碧玺肉眼主要鉴别特征

1. 原石的鉴别

长柱状晶体，三方柱、六方柱及三方单锥的聚形，晶体的横断面呈球面三角形，晶面上有密集的纵纹。

2. 成品的主要鉴别

颜色：碧玺的颜色丰富多彩，红色、粉红色、绿色、暗绿色、蓝色、黄色、无色和褐色。其中以红色，尤其是双桃红最佳。

碧玺多色性明显至强，多色性颜色在体色的深浅上发生变化。

由于折射率为1.62~1.65 DR：0.018（0.014~0.021），可见刻面棱重影。

焦电性：磨擦生电。

四、成因及产地

碧玺通常产在花岗伟晶岩及钠长石锂云母云英岩中，但具宝石价值的碧玺多产在强烈钠长石化和锂云母化的微斜长石钠长石伟晶岩的核部。

碧玺主要产地有巴西、美国、斯里兰卡、俄罗斯、马达加斯加、意大利、肯尼亚等。中国的碧玺矿主要产于新疆阿尔泰和云南哀牢山。

五、碧玺的质量评价

可从重量、颜色、净度、切工几个方面来评价，其中颜色是最重要的因素。另外，如果有猫眼或变色效应，可相应提高其价格。

1. 颜 色

以玫瑰红、紫红、绿色和纯蓝色为最佳，粉红和黄色次之，无色最次。通常好的红色碧玺的价格比相同大小的绿色碧玺高出三分之二。

2. 净 度

要求内部瑕疵尽量少，晶莹无瑕的碧玺价格最高，含有许多裂隙和气液包裹体的碧玺通常用作玉雕材料。

3. 重 量

重量越大，价格越高。

4. 切 工

切工应规整，比例对称，抛光好。否则将会影响价值。

第四节　尖晶石

尖晶石就矿物而论是一个大家族，因含不同杂质元素而呈显不同颜色，其中以红色尖晶石颜色高雅绚丽，可以和红宝石媲美。1660年发现的一颗大粒的红色尖晶石就曾经当作红宝石，并起名为"黑王子红宝石"，镶在英国国王皇冠最显眼的中心位置。由于尖晶石的透明度好、光泽明亮，是当今受欢迎的宝石品种。

图7-22　"黑王子红宝石"（彩图78）

一、基本特征

1. 化学成分

$MgAl_2O_4$，其中MgO：$Al_2O_3 = 1：1$。因含有不同杂质元素而呈现不同的颜色，含Cr呈现红色——红色尖晶石（大红宝石、软红宝）；含Fe——蓝色尖晶石，自然界中无色尖晶石尚未发现。

2. 晶系及结晶习性

等轴晶系：常见八面体及尖晶石双晶。偶见八面体与菱形十二面体或立方体聚形。砂矿中的尖晶石常呈磨圆度较好的卵形。

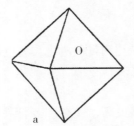

图7-23　尖晶石结晶习性

3. 物理性质

硬度为8，相对密度为3.58~3.61；无解理，贝壳状断口；强玻璃光泽，透明至半透明。

4. 光　性

均质体，折射率RI= 1.712~1.730，合成1.727，色散0.020。

5. 吸收光谱

红色尖晶石：特征的铬谱，红区有686nm、675nm多条双线，黄绿区以540nm为中心为吸收带，紫区吸收。

图7-24　红色尖晶石吸收光谱（彩图79）

6. 内含物

以单颗粒或面状排列的八面体尖晶石包裹体最为典型。晶体包裹体周围的盘状裂隙。

7. 颜色

粉红、紫红、红色、橙色、黄色、蓝色、绿色、褐色以及不透明的黑色等。

8. 发光性

红色在UV下有红色荧光。

二、主要品种

尖晶石常以颜色及特殊光学效应来划分尖晶石宝石的品种，常见的品种有：

1. 红色尖晶石

主要含微量致色元素Cr^{3+}而呈各种色调的红色。其中纯正红色的是尖晶石中最珍贵的宝石品种，过去常把它误认为是红宝石。

2. 橙色尖晶石

橙红色至橙色的尖晶石品种。

3. 蓝色尖晶石

含有Fe^{2+}和Zn^{2+}而呈蓝色。多数蓝色尖晶石都是从灰暗蓝到紫蓝，或带绿的蓝色。

4. 绿色尖晶石

一般是含Fe^{2+}所致，颜色发暗，有的基本呈黑色。

三、合成尖晶石

合成尖晶石最初是用焰熔法合成蓝宝石过程中偶然获得的。合成尖晶石一般用作其他宝石的仿制品，但随着天然红色、蓝色尖晶石的价格不断升高，合成尖晶石也用来冒充天然的尖晶石。目前市场主要有焰熔法和助熔剂法合成尖晶石。

合成尖晶石中元素之间的比例，与天然尖晶石不同，$MgO：Al_2O_3=1：1.5\sim3.5$。为此合成尖晶石的折射率和比重比天然尖晶石高，为1.727和3.63。

由于合成尖晶石的用途不同，市场上流通的主要有无色合成尖晶石和蓝色合成尖晶石。

表7-6 　　　　　　　　合成尖晶石与天然尖晶石的区别

品　种	合成尖晶石	尖晶石
RI	1.727	1.715~1.730
S.G	多数为：3.63~3.64	多数为3.58~3.61
吸收光谱	蓝色品种：以钴谱为特征	蓝色品种：铁谱为主
紫外荧光	所有品种均有荧光并且在SW下为白垩状荧光	因品种而不同，且在SW下各异
包裹体	气泡，异形气泡，弧形生长纹等	各种典型天然包裹体

四、尖晶石与相似宝石的区别

与红色尖晶石相似的宝石主要是红宝石及红色石榴石。

与蓝色尖晶石相似的宝石主要是蓝宝石及合成尖晶石及蓝玻璃。

五、成因及产地

尖晶石矿床主要为接触交代型（矽卡岩系）矿床，矿体赋存于镁质矽卡岩带中，与之有关的砂矿是最重要的矿床类型。

尖晶石主要产地有缅甸抹谷、斯里兰卡、泰国、肯尼亚、尼日利亚、坦桑尼亚、巴基斯坦、越南、美国和阿富汗等。

第五节　橄榄石

橄榄石因特征的橄榄绿色而得名，以其明亮的黄绿色，黄色象征高贵，绿色象征希望。古人认为佩带它，能祛除人们对黑夜的恐惧，给人一种温和性格和良好的听觉。埃及人称橄榄石为"太阳的宝石"，相信它有太阳的力量，佩戴它的人可消除夜间的恐惧；人们相信橄榄石所具有的力量像太阳一样大，可以驱除邪恶，降伏妖术。

橄榄石颜色艳丽悦目，为人们所喜爱，给人以心情舒畅和幸福的感觉，故被誉为"幸福之石"。国际上把橄榄石列为"八月生辰石"，象征温和聪敏、家庭美满、夫妻和睦。橄榄石常用来做胸针、指环、耳坠等，为珠宝市场上常见的中档宝石。一直是人们喜欢的宝石。

图7-25　橄榄石（彩图80）

一、橄榄石的基本特征

1. 化学成分

（Fe，Mg）$_2$SiO$_4$，由于橄榄石是化学成分中的主要元素Fe致色，属于自色宝石，颜色相对稳定。即略带黄的绿色，亦称橄榄绿。

2. 晶系及结晶习性

斜方晶系，完好的晶体形态为短柱状，但完好晶形很少见，大多数为不规则粒状。

图7-26　橄榄石的晶体（彩图81）

3. 物理性质

橄榄石性脆而易碎，硬度6.5~7，随Fe含量的增加而略有增大。比重 3.32~3.36。透明，玻璃光泽。优质橄榄石呈透明的橄榄绿色或黄绿色，多色性微弱。折射率：1.654~1.690，双折射率为0.036，所以通过台面可以非常清楚地看到刻面棱重影。

4. 内含物

干净，可见刻面棱重影。在20倍放大镜下可见的晶体包体、睡莲叶状包裹体——"水百合"状包体。

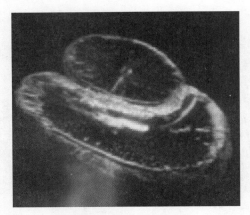

图7-27　橄榄石的睡莲叶状包裹体（彩图82）

5. 吸收光谱

蓝区三个吸收带，453nm、473nm、493nm。

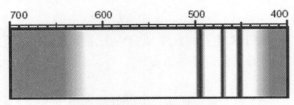

图7-28　橄榄石的吸收光谱

二、橄榄石的鉴别

橄榄石色泽独特，与之相似的宝石不多，常见的仅有透辉石、硼铝镁石和玻璃。根据以下特征很容易将橄榄石与相似宝石区别开。

1. 颜　色

特征的橄榄绿色，弱的多色性。

2. RI

1.65~1.69　DR0.036。

3. 典型的铁吸收谱

在蓝绿区三条吸收窄带。

4. 内含物

干净。在20倍放大镜下可见的晶体包体、睡莲叶状包裹体。由于橄榄石双折率大0.036，在20倍放大镜下可见刻面棱重影。

三、产状和产地

橄榄石是地幔岩的主要组成矿物，世界上大部分橄榄石产在碱性玄武岩深源包裹体辉橄榄岩中。我国河北、吉林所产橄榄石均属此产状。另有少量的橄榄石呈脉状产在橄榄岩中。

埃及塞布特红海岛，是优质橄榄石的著名产地。原石产于蛇纹石化橄榄岩镍矿脉中。缅甸抹谷附近产优质巨粒的橄榄石。河北张家口地区是中国橄榄石的主要产地之一，除此之外是云南、吉林、山西、内蒙、辽宁、福建等。

四、橄榄石的质量评价

橄榄石在世界上的分布较广，产出也较多，用于首饰上的橄榄石应完全透明。颜色以中—深绿色为佳品，色泽均匀，有一种温和绒绒的感觉为好；绿色越纯越好，黄色增多则价格下降。一般橄榄石多在3克拉以下，3~10克拉的橄榄石少见，因而价格较好，超过10克拉的橄榄石则属罕见，世界上最大的一颗橄榄石来自埃及塞布特，重量310克拉，而最漂亮的一块切磨好的橄榄石重192.75克拉，曾属于俄国沙皇，现存在莫斯科的钻石宝库里。

橄榄石中往往含有较多的黑色包裹体和气液包裹体。这些包裹体都直接影响橄榄石的质量评价。没有任何包裹体和裂隙的为佳品，含有无色或浅绿色透明固体包体的质量较次，而含有黑色不透明的固体包裹体和大量裂隙的橄榄石几乎无法利用。

第六节　托帕石

托帕石的矿物名称黄玉，是近几十年崛起的宝石品种，因清澈透明、光泽油亮得到人们的喜爱，作为十一月生辰石，象征友爱和友谊。其中粉红色黄玉最为昂贵，为高档宝石。

世界上色美的黄玉产量不多，只见于巴西，市场上主要是由白色黄玉经改色呈天蓝色的黄玉。

图7-29　托帕石（彩图83）

一、托帕石的基本特征

1. 化学成分

含水的铝硅酸盐，分子式为 $Al_2SiO_4(F, OH)_2$，其中 F 和 OH 含量和比例与成矿条件有关，并且影响托帕石的物理性质。

2. 晶系及结晶习性

斜方晶系，柱状晶形，常见单形有斜方柱、斜方双锥。柱面有条纹，一端常被底面解理所切断。砂矿中多磨蚀为卵石状。

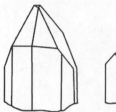

图7-30　托帕石的晶体形态示意图

3. 颜　色

无色、黄色、橙黄色、黄褐色、粉红色、浅黄—蓝色。目前市场上出现的蓝色多为辐照及热处理的产物。

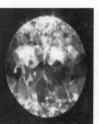

图7-31　各种颜色的托帕石（彩图84）

4. 折射率和双折率

RI：1.61~1.62，DR：0.008~0.010，多色性：中等，不同的品种多色性表现不一。色散：低，0.014。光性：二轴晶正光性。

5. 发光性

弱，LW：褐色、粉红色品种具橙黄色荧光。

6. 内含物

气-液相包裹体，含有两种互不混溶的液体孔洞。固相包裹体（云母、长石、碧玺等）。

7. 硬　度

硬度为8，比重3.53~3.56，透明、玻璃光泽，底面解理发育，贝壳状断口。加工时台面要与解理面夹角大于5°。

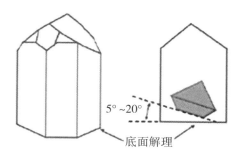

5°~20°

底面解理

图7-32　托帕石晶体解理及加工示意图

二、托帕石的鉴别

黄玉颜色淡雅，光泽油亮，清澈透明。与之相似的宝石有水晶、海蓝宝石、碧玺。

原石晶体的鉴别：完好的晶形为柱状晶体，常由斜方柱和斜方双锥构成聚形晶，由于底面解理发育，晶体常表现为单锥，晶体的底面平坦，放大观察，可见阶梯状断口。晶体的晶面上有密集的纵纹。在砂矿中托帕石呈卵石状，按一定的解理方向敲打可打出平坦面。

成品的鉴别：识别要点是清澈透明、特殊的包裹体、光泽和重感。内部洁净，很少见到包裹体，特征包裹是两种互不混溶的液体孔洞。光泽：黄玉光泽油亮，宝石内部的小面反光效果好，反光面多。重感：黄玉比重偏大，为3.53左右，手掂具重感。

三、托帕石的优化处理

市场上流行的蓝色托帕石的颜色绝大多数是经过辐照处理的。天然的蓝色托帕石非常少见。天然无色的托帕石先经辐射使之呈褐色，然后再加热处理而呈蓝色的。

图7-33　辐照处理的蓝色托帕石（彩图85）

常规仪器不易区分天然颜色的托帕石与辐照处理致色的蓝色托帕石。如果蓝色托帕石有残余放射性则表明经过处理。但是样品经过较长时间的存放，其放射性残留量可以降低到安全标准以下，无法依此进行鉴别。改色为天蓝色和橙黄色。它的颜色鲜艳明亮，内部洁净无瑕。

四、产状和产地

托帕石是气成热液阶段的产物，宝石级托帕石主要产于花岗伟晶岩和气成–热液云英岩中，也产于酸性火山岩气孔中。另外，砂矿型也是托帕石很重要的成因类型。

世界上优质的托帕石产地主要是巴西的米纳斯吉拉斯，以无色、橙色居多；美国出产无色和蓝色的托帕石。中国的托帕石矿主要产于云南、广东、内蒙古、江西等地。

第七节　锆　石

锆石是历史上应用较早的宝石品种之一，因色散高，光学效果酷似钻石，是钻石最好的天然替代品。锆石作为12月份的生辰石，象征着成功。但由于它性脆易损。市场价格日渐收缩。

一、锆石的基本特征

1. 化学成分及分类

锆石的化学成分$ZrSiO_4$，常含有U. Th放射性元素及其他微量元素，因放射性元素辐射作用使锆石发生蜕晶质变化，结晶程度降低，物理光学性质亦发生改变。

按结晶程度将锆石分为高、中、低三种类型，低型锆石近于非晶态。高型锆石多呈白色、褐红色，低型锆石多为绿色。

2. 晶系及结晶习性

四方晶系，常见单形：四方柱、四方双锥、复四方双锥，可发育膝状双晶。也有磨圆或水蚀卵石。

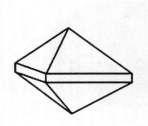 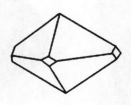 

图7-34　锆石晶体形态示意图

3. 颜色

常见为黄色、褐色、黄绿色，以及无色、绿色、红色等。无色，蓝色和金黄色常由热处理所致。

4. 光泽和透明度

亚金刚光泽或强玻璃光泽，透明至半透明。

5. 主要物理及光学参数

表7-7　　　　　　　　　　　　锆石物理性质

类　型	硬　度	折射率	双折率	比　重	色　散
高型锆石	7.5	1.93~1.99	0.059	4.68	0.039
低型锆	6	1.78~1.82	无	3.9	低

6. 解理和断口

无解理，贝壳状断口，脆性高，棱线处较容易磨损，甚至较硬的包装纸也会使它产生破损（纸蚀现象）。

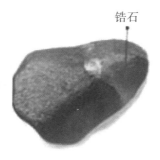

图7-35　锆石的纸蚀现象（彩图86）

7. 内含物

各种固相矿物如磁铁矿、黄铁矿、磷灰石等。刻面棱双影线等。

8. 吸收光谱

可具多条吸收线或吸收窄带。其中红区中内653.5nm和659nm为诊断性吸收光谱。无色，蓝色仅此特征吸收线，黄、褐、绿色锆石多达40条谱线，红、橙色无特征吸收线。

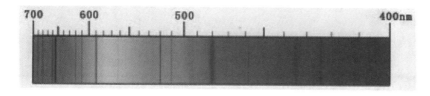

图7-36　锆石的吸收光谱（彩图87）

9. 紫外荧光性

无—强，不同颜色品种有差异，且荧光色常带有不同程度的黄色。绿色锆石一般无荧光、蓝色锆石有无至中等浅蓝色荧光、橙至褐色锆石有弱至中能强度的棕黄色荧光、红色锆石具中等紫红到紫褐色荧光。

二、主要品种

由于锆石晶体中含有放射性元素U、Th，在其衰变过程中会使晶体结构遭到破坏，根据结晶程度的好坏将锆石划分为高型、中型、低型三种类型。

1. 高型锆石

锆石中的最重要品种。颜色多呈深黄色、褐色、深红褐色，经热处理变成无色、蓝色或金黄色的锆石。该类锆石受辐射少，晶格完整，具有较高的折射率、双折射率，能看到明显的后刻面棱重影现象，相对密度、硬度也较高。

2. 中型锆石

介于高型和低型之间的锆石，是两者的过渡产物。颜色多为带褐的绿色、黄绿色及深红色。在加热至1450℃时，可向高型锆石转化。

3. 低型锆石

由氧化硅和氧化锆的非晶质混合物组成，其结晶程度低，几乎呈非晶态。该类锆石折射率、双折射率、相对密度和硬度均较低，后刻面棱重影也极不明显。该类锆石常见颜色为绿色、橙色、褐色等。低型锆石经加热后可重新转变为高型锆石。

低型锆石：因含一些放射性元素，使得结构遭到严重破坏，晶体转为非晶质体，并将锆硅酸盐成分分解为氧化锆和二氧化硅的混合物。即$ZrSiO_4$分解ZrO_2+SiO_2，这些混合物基本上为非晶质体，由晶体转变成非晶质的过程，称为蜕晶质或非晶质化。蜕晶质后，大部分物理性质都发生改变。

三、锆石的鉴别

高型锆石多呈无色、褐红色，低型锆石多为绿色、暗绿色。识别要点有：

1. 光泽和色散

亚金刚光泽，高色散（火彩）。

2. 放大观察

可见刻面棱双影线明显。

3. 硬度和脆性

硬度7，加工后，刻面棱圆滑。加上脆性大，具纸蚀现象。

四、成因及产地

宝石级锆石主要作为副矿物产于玄武岩和变质岩中，而真正有开采价值的是砂矿型锆石矿床。

主要锆石矿产地有：柬埔寨、泰国、缅甸、斯里兰卡、法国、澳大利亚、美国等。中国主要产自福建明溪、海南文昌、山东，与蓝宝石共生于砂矿中。

第八节　长　石

长石属硅酸盐矿物，产出十分广泛，它大约占地壳重量的50%，占地壳体积的60%，是一种最重要的造岩矿物。但只有少数透明或具有特殊光学效应的品种可作为宝石。主要有月光石、日光石、天河石和变彩拉长石。月光石是长石族宝石中最受欢迎的品种，长期以来认为月光石可以带来好运，为六月的生辰石。

图7-37　主要的长石品种（彩图88）

一、分类

长石族矿物名称，属架状结构钾、钠、钙铝硅酸盐，按成分分为两大类。

1. 钾长石

$KNaAlSi_3O_8$，包括正长石、透长石、月光石、微斜长石等同质多象体。

2. 斜长石

依据其中之成分又可分为六个矿物种：钠长石、奥长石、中长石、拉长石、倍长石和钙长石，其性质随成分发生变化。其中能作宝石的仅有钠奥长石中的透明品种、钠月光石、日光石、钠长硬玉和变彩拉长石。

两种类质同象系列的长石中常作为宝石品种有：月光石、天河石、日光石、拉长石、另有少量的透明的正长石和透长石。

二、月光石（定婚石）

月光石得名于月光效应，体色常为无色、白色和红褐色等，透明或半透明。

月光效应是由正长石与其所包含的钠长石的交互薄层对光干涉的差异所造成的。钠长石晶体非常小且互层很薄时，则产生蓝色；钠长石晶体粗大且呈板状，则显白色闪光。

1. 化学成分

钾、钠、钙铝硅酸盐，属钾长石系列。

2. 晶系与结晶习性

为单斜晶系，板状和滚圆砾石状。

3. 物理性质

硬度6，比重2.56，两组完全解理，玻璃光泽，透明至不透明。

4. 光性特点

非均质，折射率RI：1.52~1.53，双折率DR：0.006，二轴晶负光性。

5. 颜　色

无色、白色、浅黄、橙黄等。

图7-38　月光石"蜈蚣"状包裹体（彩图89）

6. 内含物

常见"蜈蚣"状包裹体，由两组近于直角的初始解理构成。

当长石中含有大量而平行排列的管状包体时，当加工取向正确时，可磨出猫眼效应。

7. 产　地

月光石的重要产地是斯里兰卡，产于冲积砾石中。

8. 鉴　别

呈乳白色、浅黄色、蓝灰色；半透明，具月光效应。有凉感、手掂很轻。有时可见"蜈蚣"状包体。

9. 与月光石相似的宝石

无色或浅色的水晶、玉髓、玻璃等。

三、日光石

日光石又称"日长石"，"太阳石"，属钠奥长石。含有大量定向排列的赤铁矿或针铁矿包裹体，这些包裹体反射出相互平行的光线，而显出一种金黄色到褐色色调的火花闪光，常称"砂金石"闪光效应，也称日光效应。常见颜色为金红色至红褐色。

1.化学成分

$NaAlSi_3O_8$，属斜长石系列。

图7-39　日光石（彩图90）

2. 晶系与结晶习性

为三斜晶系，板状。

3. 物理性质

硬度6，比重2.65~2.75，玻璃光泽，透明至不透明。

4. 光性特点

非均质，折射率RI：1.53~1.54，双折率DR：0.007，二轴晶正光性。

5. 颜色

橙红、褐红色等。

6. 内含物

多组定向排列的针状或板状赤铁矿薄片或针铁矿包裹体。

7. 特殊光学效应

日光效应。

8. 产　　地

最好的日光石产于挪威南部，产于穿插在片麻岩中的石英脉中，呈块状产出；另一个产地是俄罗斯贝加尔湖地区。

9. 鉴　　别

呈橙红、褐红色，半透明，具晕彩效应。有时可见赤铁矿薄片包体。

10. 与日光石相似宝石主要为

砂金石。日光石内含物为赤铁矿薄片对光的反射所造成，而砂金石是玻璃加三角形或六边形铜片混合而成。

四、天河石（微斜长石）

天河石：颜色为绿色、浅蓝绿色或蓝绿色，内有白色物质呈格子状或斑纹状分布。三斜晶系，属钾长石系列；致密块状体，硬度6，相对密度2.56，不透明。折射率1.52~1.53，双折射率0.008，二轴晶负光性。

图7-40　天河石（彩图91）

天河石中可见两组近于直角的解理，网状或格子状分布，蠕虫状白色色斑。

与天河石相似的宝石有绿色玉髓、绿松石、翡翠、孔雀石、染色石英岩等。区分要点：结构特征，颜色分布特征，折射率、相对密度、光谱等。

天河石目前主要产于印度和巴西，美国的优质天河石曾一度开采于弗吉尼亚，但现在已采空。

五、拉长石

拉长石是一种具有拉长石晕彩效应，可见蓝色、绿色、紫色、黄色等色彩，也称"光谱石"。产于芬兰具鲜艳的晕彩效应的拉长石亦尔光谱石。

晕彩和变彩产生的原因是拉长石中有斜长石的微小出熔体，斜长石在拉长石晶体内定向分布，两种长石的层状晶体相互平行交生，折射率略有差异而出现干涉色。有的拉长石因内部含有针状包体，可呈暗色体色。

1. 化学成分

$CaNaAlSi_3O_8$，属斜长石系列。

2. 物理性质

硬度6，比重2.70，玻璃光泽，透明至不透明。

3. 光性特点

为三斜晶系，非均质体，折射率RI：1.56~1.57，双折射率DR：0.009，二轴晶负光性。

4. 颜色

暗灰色、灰白色、灰黄色等。

5. 特殊光学效应

晕彩效应。

6. 产地

主要产地为加拿大、美国、芬兰。加拿大的拉布拉多就以富产宝玉石级的拉长石大晶体而闻名。优质的彩色拉长石产于美国。最漂亮的晕彩拉长石发现于芬兰。

第九节 欧 泊

欧泊的英文称Opal，意思是"集宝石于一身"。在我国古代欧泊称闪山石、五彩石。由于它的耐久性差。在珠宝界褒贬不一，但其美丽奇特的外观，赢得大多数人的喜爱。欧泊作为澳大利亚的国石，是十月份的生辰石。

图7-41 欧 泊（彩图92）

一、欧泊的基本特征

1. 化学成分

$SiO_2 \cdot nH_2O$。水以吸附水和间隙水为主。

2. 晶系与结晶习性

非晶体，无结晶外形，常呈板状、脉状及不规则状分布。

3. 物理性质

硬度：5.5~6.5；相对密度：黑欧泊、白欧泊为2.10；火欧泊为2.00。折射率：黑、白欧泊1.45，火欧泊1.40。光性：各向同性。光泽：玻璃光泽。透明度：透明至半透明。

4. 颜色

体色有黑、灰、白、褐、粉红、橙黄、黄、绿、淡蓝绿、无色等。

5. 特殊光学效应

欧泊具典型的变彩效应，在光源下转动欧泊可以看到五颜六色的色斑。

图7-42　变彩效应（彩图93）

变彩效应是由于欧泊中二氧化硅球体构成的三维衍射光栅。欧泊的结构中SiO_2为近于等大的球体在空间作规则排列，球体之间由含水的SiO_2胶体充填，胶体与球体之间有微小的折射率差异，球体直径与球体之间的孔隙直径近于相等，为150~300nm。这样，欧泊的结构就形成了最典型的天然三维光栅，使入射光发生干涉作用。不同欧泊由于球体的大小不同，所产生颜色不同。当球体大到足以使可见光的所有光通过，形成全色变彩，这是人们最喜爱的欧泊。

二、欧泊的品种

根据变彩效应可分为贵欧泊和普通欧泊。

贵欧泊具有变彩效应，是重要宝石。

欧泊的品种主要有三大类，即黑欧泊、白欧泊和火欧泊。

1. 黑欧泊

黑欧泊体色为灰黑色、深绿、深蓝或深褐色。由于有暗色的背景，使变彩显得更加醒目，加工成弧面型宝石后，各种变彩在暗色的基底衬托下显得艳丽无比。因此，美丽、稀少、价格较昂贵，是欧泊中的佳品。黑欧泊一般呈半透明至亚半透明，很少为不透明状。

2. 白欧泊

白欧泊体色为浅色为主，有浅灰、浅黄、浅蓝灰色等，由于背景色为浅色调，变彩往往不如黑欧泊醒目，一般呈半透明至亚半透明，是欧泊中的常见品种。

3. 火欧泊

火欧泊是带橙黄至橙红色体色，具有变彩或没有变彩的透明至亚透明的欧泊。具有变彩的墨西哥火欧泊相当的漂亮。不带变彩的透明火欧泊则切磨成刻面宝石。火欧泊的体色与微量的Fe^{3+}有关。

图7-43　黑欧泊（彩图94）　　图7-44　白欧泊（彩图95）　　图7-45　火欧泊（彩图96）

普通欧泊：不具备变彩的欧泊。

三、欧泊及合成欧泊的鉴别

欧泊鉴别标志主要是根据内部色斑的形态来判别，色斑特点为主要鉴别特征：

（一）天然欧泊

1. 色斑具有丝绢状外表，沿一方向延长。色斑具有丝绢状的外表。
2. 色斑为不规则的薄片。
3. 色斑与色斑之间呈渐变关系，界限模糊。
4. 色斑沿一个方向具有纤维状或条纹状结构。

（二）合成欧泊

最早合成欧泊的是法国的吉尔森公司，从20世纪70年代开始，现在合成欧泊的厂家较多，除了吉尔森，还有俄罗斯、日本、中国台湾等。

1. 合成欧泊基本性质

折射率：1.44~1.47；

相对密度：1.74~2.12，一般小于2.06；

紫外荧光：中—强，与天然欧泊相似；

硬度：4.5~5，比天然欧泊软一些；

化学成分：含水量比天然欧泊低，有的含有ZrO_2。

2.合成欧泊的色斑特征

合成欧泊具有比较典型的结构特征：

（1）柱状色斑：变彩一致的柱状体，天然欧泊为面纱状的变彩色斑（又称为二维色斑）。

（2）蜂窝状构造：又称蜥蜴皮构造，显微镜下可见更细小的柱状体镶嵌形成的蜂窝构造。

（3）镶嵌状色斑：不同变彩色斑之间具有清晰的边界，但是有些天然欧泊也有这种特征。

（4）焰火状构造：色斑排列成焰火状。

图7-46　合成欧泊（彩图97）　　图7-47　蜥蜴皮构造（彩图98）

四、优化处理欧泊的鉴别

1.染色欧泊（糖—酸处理）

为仿黑欧泊，用白欧泊在硫酸和糖水中进行染色，染色后色斑破碎，仅限于宝石表面，结构粒状。染剂在裂隙中，呈小黑点如胡椒粒。

2.注塑欧泊

将黑色塑料注入欧泊，使其黑欧泊更透明，颜色更深。SG低约为1.90。

3.拼合欧泊

目前市场上最常见的拼合宝石就是欧泊。因为欧泊主要为表生沉积成因，常在砂岩中呈细脉状产出，开采出的欧泊很多都太薄，不能琢磨成整个宝石。这时可以用粘合剂把它和玉髓或劣质欧泊片粘接在一起，作为欧泊两层石；或在欧泊两层石的顶部加一个石英或玻璃顶帽来增强欧泊的坚固性，而成为欧泊三层石。还有的情形是，把带脉石的欧泊一起切磨成蛋面，其底部是脉石。

五、欧泊的产地与产状

欧泊是在表生环境下由硅酸盐矿物风化后产生的二氧化硅胶体溶液凝聚而成的，也可由热水中的二氧化硅沉淀而成。其主要的矿床类型有风化壳型和热液型。

澳大利亚是世界上最重要的欧泊产出国，主要产区在新南威尔士，南澳大利亚和昆士兰，其中新南威尔士所产的优质黑欧泊最为著名（链接宝石资源的欧泊矿床）。

墨西哥以其产出的火欧泊和晶质欧泊而闻名，主要产出于硅质火山熔岩溶洞中。

六、欧泊的经济评价

1. 体　色

黑色或绿色最高，白色最低。

2. 变　彩

以整块宝石、均匀完整最好，七彩色，特别是红色及紫色最好。

3. 块　度

大为好。

欧泊多孔吸水，在常温下易脱水干裂，应经常放入水中。市场上欧泊戒指多为拼合欧泊，不易与重液、酒精接触。

第八章　玉　石

第一节　概　述

　　"玉"在中国古代文献中是指一切温润而有光泽的美石，其内涵较宽。东汉时期对玉叙述是，玉石之美兼五德者，所谓五德，即具坚韧的质地，晶润的光泽，绚丽的色彩，致密透明的组织，舒畅致远的声音的美石，被认为是玉。

图8-1　美　玉（彩图99）

　　我国是生产玉器历史最悠久、经验最丰富、延续时间最长的国家。据考古发掘的材料表明，我国早在距今7000多年前的新石器时代就已经利用天然玉料制作精细的工具和装饰品。后来，采用的玉料逐渐精选，雕琢的技术不断提高，制作的工艺日趋完美，其传统绵延不绝，一脉相传直至今日。在世界各国人的心目中，玉器和中国的关系，就像瓷器、茶叶与中国的关系一样密切。

　　中国人对玉非常崇拜，对玉怀有一种特殊而又神秘的情感，把玉象征为坚贞与高贵，赋予了它相当丰富的文化内涵。人们用温润如玉、洁身如玉、冰清玉洁、宁为玉碎不为瓦全等词汇赞美高尚的人格，用玉容、玉色、玉体等词汇形容人的容貌美，用亭亭玉立、金枝玉叶等词汇形容人的气质美。而且，切磋、琢磨等制玉习语也成为人们的日常用语。玉器作品上沉淀了相当浓厚的传统文化韵味，从中可以多方位地透视中华民族固有的文化传统。

　　千百年来人们身上佩戴玉，室中陈设玉，相互交往中赠送玉，礼仪活动中使用玉。玉在中国民族文化中占有如此重要的地位。

　　还有一个重要原因是玉在中国一直被奉若神明，深得统治阶级的推崇，他们把玉本身的特性加以道德观念的延伸，使得玉在政治、经济、文化、思想、伦理、宗教各个领域中充当着特殊的角色，发挥着其他工艺美术品所不能取代的作用。如皇帝的"皇"—

白色的玉；皇帝的信物——玉玺。

古人用各种玉石制作了大量的功能性和装饰性玉器，对各类玉石的认识也逐渐丰富。随着时间的不断推移，现代人对玉石的认识更加全面。

什么是玉石？

玉，有广、狭之分。狭义的玉，是专指硬玉（翡翠）和软玉（和田玉）。其余另将有工艺美术用途的岩石，称为彩石类，而有工艺要求的矿物晶体则称为宝石类。

广义的玉：由自然界产出的、颜色艳丽、光泽滋润、质地细腻、坚韧且琢磨、雕刻成首饰或工艺品的多晶质或非晶质的天然矿物集合体或岩石。如翡翠、软玉、玛瑙、独山玉、绿松石、岫玉以及寿山石、青田石、鸡血石等，

中国古代最著名的玉石是新疆和田玉，它和河南独山玉，辽宁的岫玉和湖北的绿松石，称为中国的四大玉石。

总之，玉作为中华民族的国粹之一，经过数千年的继承发展，从史前的古朴稚拙到秦汉的雄浑豪放，再发展到明清的玲珑剔透、博大精深，共同构成了八千年璀璨夺目的中华玉文化。

第二节　翡　翠

一、概　述

翡翠在国际上（矿物名称）称为硬玉，是一种以硬玉为主的矿物集合体。属多色玉石，红色的翡，绿色的翠，很像古代一种有红色和绿色羽毛的翡翠鸟。

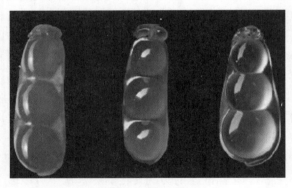

图8-2　翡　翠

翡翠美继承了自古以来玉所表现的各种美，如物质美、人格化后的心灵美（君子比德玉焉）及德行、仁爱、智慧、正义、谦和、和谐、忠直、真诚美之外，翡翠美还重点突出了，色彩美，造型美，材质美，含蓄美，神秘美，稀少美……

色彩美：世界上任何宝玉石的绿，都没有像翡翠的绿那么艳丽、丰富，给人以生命活力，似如活的生命，碧绿清澄生机盎然。

图8-3　翡翠的绿（彩图100）

造型美：翡翠的造型美，不但能使翡翠升值，而且还融入了几千年中华文明的文化内涵，福禄寿禧、花鸟鱼虫等来表达美好的愿望以及对未来生活的向往。

图8-4　翡翠的造型（彩图101）

材质美：翡翠的石材美除了包涵所有的玉石石材美外，它的色彩丰富，水头有好有差，但都不失温润亮丽。可根据需要做出各种美丽独特的艺术品。

含蓄美：世界上任何性质的宝玉石都没有像翡翠那样含蓄韵致，翡翠的含蓄表露出一种唯东方人才有的情感。它那冰莹含蓄的光泽、不浮华、不轻狂、不偏执、深沉而厚重，是国人追求和赞美的品质。这正是国人所喜爱的原因之一。

神秘美：翡翠的绿配上它那似透非透的水，使人看不透摸不准，给人以神秘感，使人浮想联翩，憧憬未来。它代表中华文化的深邃。

稀少美：物以稀为贵，由于形成过程的复杂，翡翠在世界各地都非常稀少，而且随着时间的推移，开采的延续，翡翠的蕴藏量也逐年的迅速递减。奇货可居，能得到一件好的翡翠饰品已成为爱翠之人的追求向往。

翡翠以其优良的性质成为最具观赏价值、收藏价值和文化艺术价值、利润率最高的宝玉石之一，被誉为"玉石之王"，深受亚洲人、尤其是华人的青睐。还有"佩之益人生灵，纯避邪气"的作用。多年来，人们一直把翡翠当成护身符佩戴。在中国女性佩戴翡翠戒指、手镯；男性以玉佩为主。人们把翡翠和祖母绿宝石一起列为5月份的诞生石，是运气和幸福的象征。

翡翠的使用历史一般认为是在清朝年间，迄今约有三百余年的历史。传说翡翠是唐朝时期由马帮所发现的，从汉代就作为贡品进入中国内地（一般认为翡翠被运用于中国的玉雕业是在明朝）。翡翠产地勐拱，在明朝已隶版籍，延至清乾隆百年后，仍属"滇省藩篱"的土司辖地，由腾越（今腾冲）州管辖。后来勐拱土地划入缅甸版图，翡翠也就成了缅甸的国宝。由于过去翡翠主要由云南腾冲加工、运出。因此，翡翠过去也称为"云南玉"。至今也都有去云南必购玉的习惯。

二、翡翠的基本特征

1. 化学成分

是由无数个细小硬玉矿物组成的矿物集合体，常含Cr、Fe、Ni、等微量元素。这些微量元素的存在造成了翡翠颜色的丰富多彩，其分子式为$NaAlSi_2O_6$。

2. 结晶特点

单斜晶系，通常为多晶质集合体，原料成块状，次生料呈巨砾或卵石状。

3. 结构

是指组成矿物的颗粒大小、形态及相互关系。翡翠总体上具有纤维变晶交织或粒状变晶结构。粒状交织结构者透明度较差；而纤维交织结构者透明度高，致密、细腻的高档翡翠多属此类。

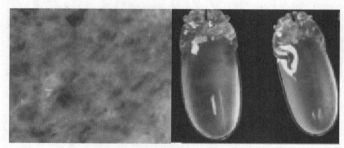

图8-5　翡翠的结构（彩图102）

4. 物理性质

硬度6.5~7，比重3.30~3.36，常为3.33。半透明—不透明，油脂状玻璃光泽，一般来说翡翠的矿物颗粒越细，则透明度（即"水头"）越好、光泽越强；颗粒越粗，则透明度越差、光泽越弱。块状的无解理，而硬玉矿物本身具有两组柱状解理在翡翠表面出现片状或丝状闪光 —翠性，这是鉴定翡翠的一个重要标志。云南人称为苍蝇翅，参差状断口。折射率：RI=1.66。

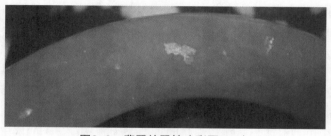

图8-6　翡翠的翠性（彩图103）

5.吸收光谱

在紫光区437nm处有一条强吸收线，为特征光谱。有些绿色品种（高档翡翠）在红光区630nm、660nm、690nm处有三条吸收线（阶梯谱）。C货翡翠在680nm处有一条吸收带。

图8-7　翡翠的吸收光谱（彩图104）

5.颜色

丰富多彩，颜色是其价值所在，以绿色为上品。大体上可分为绿、红、紫、黄、白五种，其颜色成因可分为原生色和次生色。原生色：白色白—纯净时；绿色—Cr：鲜绿色；Fe：深绿色。因两者同时存在，可现不同深浅的绿色，使得翡翠颜色丰富多彩；紫色—Fe^{3+}、Fe^{2+}同时存在时，称紫罗兰。次生色：红色和黄色—是由于暴露于地表风化使铁离子折出形成赤铁矿和褐铁矿，而淋滤到翡翠颗粒之间耐致色。黑色：一种呈深墨绿色，是由过量的Cr、Fe含量造成的；或者是由所含的暗色矿物杂质造成的看上去很脏，属于较为低档的翡翠。

翡翠的颜色丰富多彩，正绿色为上品。其次为红色、蜜黄色、紫罗兰色等。优质的蓝色和油青色也深受人们的喜爱。每一类色彩又可细分为几种。色彩的微小差别都可极大地影响其价值。正绿色又包括苹果绿、秧苗绿、翠绿和祖母绿；蓝绿色又分菠菜绿、蛤蟆绿、瓜皮绿等；红色又可细分为亮红色、暗红色、褐红色等；亮红色为上品。

6.发光性

天然翡翠绝大多数无荧光，少数浅绿色翡翠在长波下会发出暗淡的绿色荧光。

三、翡翠的品种

（一）翡翠毛料的分类

人们给各种各样的毛料取了各种各样的名称，这些称呼平添了翡翠毛料的神秘色彩，让人感到毛料复杂凶险，深不可测。其实，所有毛料都可以从以下四个角度进行分类。

1.按产状可分为山玉（原生矿）和仔玉（次生矿）

大自然产出的任何矿石，包括各种宝玉石，都可以分为两类，一类是原生矿，一类是次生矿（包括冲积、残坡积等），翡翠也不例外。

（1）翡翠原生矿：成矿后从未经过自然力（地震、火山喷发、风吹雨淋、河流搬运等等）移动过的矿床叫原生矿。原生矿都是被泥土和岩石覆盖着，所以未见风化或风化程度较小。翡翠原生矿也是如此，因未风化或风化程度小，所以，翡翠原生矿没有皮壳或者只有极薄的皮壳，没有雾。这种毛料比较容易看清内部的质地。翡翠原生矿石可以很大，几吨几十吨一块的都被挖到过。原生矿的品质有好有差。

（2）翡翠次生矿：成矿后经风化搬动形成的矿床叫砂矿。砂矿裸露在外易被人们看到捡到，或又被泥石覆盖须挖掘才能找到。砂矿经自然力搬运，滚动撞击，易裂部分都分离，又经风化沙化，所以，可以很小，几公斤、零点几公两一块的都有，并且，有皮有雾。事实上，皮壳就是风化层，雾就是半风化层，而里面的"玉肉"，就是未风化的翡翠了。次生矿的品质好的居多。

2. 从厂口被开挖的先后角度

（1）老厂玉（老山玉、老坑玉）。早期发现的那些厂口如麻蒙、会卡、摩披等出产的毛料。早期发现的厂口砂矿居多，所以，老厂玉有皮有雾，好料和高档料居多，民间常有"老厂（坑、山）玉好"的说法。其实，老厂玉中也有差料。

（2）新厂玉（新山玉、新坑玉）。后期又发现的另一些厂口如朵摩、缅摩、龙坑等出产的毛料。这些厂口的毛料原生矿居多，所以，新厂玉无皮无雾，或皮极薄，差料和砖头料居多，民间常有"新厂（坑、山）玉不如老厂（坑、山）玉好"的说法。其实，新厂玉中也有好料。

3. 从挖掘的地方的角度

从该角度把毛料分为山石、水石与半山半水石。

（1）山石：从山上挖出的毛料。主要是原生矿，虽然既有好料也有差料，但差料居多，所以民间有"山石不如水石"之说。

（2）水石：从河流中采到的毛料。只有砂矿，好料居多，所以民间都说"水石好"。

（3）半山半水石。从山上挖出的风化程度不高的毛料。皮薄，质地好坏不一。其实主要就是残坡积砂矿。

4. 从出产的厂口的角度

这个角度在交易中很重要。由于不同厂口的成矿条件有差异，所以，不同厂口的毛料在外观和质地上就有区别。行家老手们往往能观其特征，知其厂口，知其厂口就能大致料其优劣。所以，毛料商们常以能否看出厂口为荣耀，也以此在心里暗暗评估交易对手的能力。以厂口分类的毛料就以厂口称呼，如：帕敢石、会卡石、后江石等。以上四个角度已经概括了所有的毛料。但是，毛料一旦运到玉石加工厂，玉石加工厂又从两个新的角度分类了。

5. 从档次的角度，把毛料分为色料和桩头料

（1）色料。色好、水好、种好，高档料。

（2）桩头料（砖头料）。色、水、种都差，中低档料。

6. 从用途的角度，把毛料分为戒面料、手镯料、花牌料和摆件料

（1）手镯料。适合做手镯的毛料。

（2）花牌料。适合做花牌即各种挂件的毛料。

（3）摆件料。适合做摆设雕件的毛料。

（二）按透明度分

用于描述翡翠的透明度称水头。分为透明、亚透明、半透明、微透明及不透明五种。

表8-1 翡翠的透明度

透明度	水 头	描 述
透明	3分水以上（9mm以上）	似玻璃，无石花和棉絮，透过翡翠可见字迹。玻璃地
亚透明	2~3分水（6~9mm）	有少量石花，透明度稍差，透过翡翠的字迹成模糊。冰地
半透明	1~1.5分水（3~4.5mm）	透过翡翠看不清字迹。藕粉地
微透明	半分水（0.5~1mm）	边缘薄处能透光。粉地
不透明	基本不透光（小于0.5mm）	如同石膏。瓷地

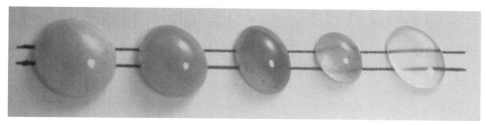

图8-8 翡翠的透明度（彩图105）

（三）主要品种

1. 老坑玻璃种

绿色纯正，色泽分布均匀、玉质细腻、透明度好，为一种高档玉种。

2. 老坑种

绿色浓度高，色泽分布较均匀，透明度较好，由于颜色及颗粒粗细的程度不同，其质量和价格也不同。

3. 白底青

鲜绿色呈色斑分布于白色地子中，玉质细腻、透明度差，为中上等玉种。

4. 花青种

绿色呈脉状、不规则状分布。

5. 豆青种

是翡翠中最大一类品种，即有"十有九豆"这类翡翠质地较粗，肉眼可见粒状结构，透明度差，为中至低档玉种。

6. 油青种

颜色较暗，有深有浅，一般多为暗绿至深绿，颜色分布均匀，油脂光泽，透明度较好，质地细腻，为中低档玉种。

7. 芙蓉种

质地较豆种细，但可见模糊的颗粒界限，颜色较浅，为中低档玉种。

8. 紫罗兰

紫色硬玉，由浅紫色至紫色。色深，质地细腻，透明度高则难得，尤其是优质紫色硬玉，价格昂贵，最受欧美女士喜爱。

9. 翡

颜色为红色（次生形成），分布于风化壳表层之下，为铁染色主要色为棕红色，红者较难得。

10. 黄色翡翠

颜色为黄褐色或褐黄色，氧化铁矿物致色。

11. 福禄寿

同时具有红、紫、绿三种颜色，其价值要看质地好坏。

四、翡翠的鉴别

目前，市场上流动翡翠除天然翡翠以外，还有人工优化处理B货、C货、B+C货、及仿制品马来西亚玉和相似绿色宝石。区别它们主要是依据颜色、结构、光泽、透明度、铁迹等。

（一）天然翡翠（A货）

1. 颜　色

分布不均、伴有色根。在不同的体色上，能见到绿色丝絮、条纹或斑点（色根）。高档翡翠在阳光照射下，绿色相对均匀，但在强光下可见布满一个方向的色根；中低档翡翠，多在无色灰白色的底色上，见有绿色条纹或斑点。

图8-9　翡翠的色根（彩图106）

2. 铁　迹

绿色多为铁所致，总会残留一些黑色小点和褐色铁质痕迹，越高档翡翠黑色小点越多。

3. 结　构

变晶交织结构，在不同品级翡翠其结构不同。高档翡翠：纤维状、细腻，肉眼和放大镜都无法看到，透明度好；而中低档：粒状，肉眼可见近圆形晶体矿物或者是白云朵状的小斑点（石花），有时可见结构粗的翠性。

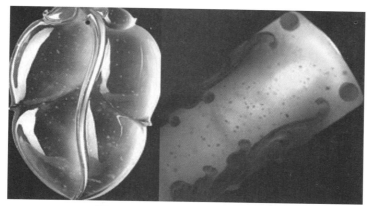

图8-10　翡翠的石花（彩图107）

4. 光泽油亮

翡翠是诸多玉石中光泽最亮的一种玉石之一，琢磨好的翡翠放在距眼睛0.3m处观察，成品表面呈带油感的玻璃光泽，当转动成品时，表面的反光点快速移动，晶莹而灵活。翡翠光泽的反光面犹如玻璃般明亮、锐利，反光点集中，不发散。透明度高，玻璃光泽强的翡翠是深受人们欢迎的上等翡翠品种。B、C货翡翠光泽不强，类似油脂一样的光泽，不如A货明亮。

5. 手感与声韵

凡天然翡翠，手摸时将其贴于脸上或置于手背上有冰凉之感，反复顺摸会有沾水的涩感（温润的滑感）。由于天然翡翠的结构紧密，对碰时，均能发出清脆的声音。

在仪器测试中，通常是通过偏光仪来测试它的结构晶体（多晶体），通过折射仪来测试它的折射率RI 1.66（点测）。通过密度法测出它的密度3.33~3.36，通过宝石显微镜获得其结构：具有粒状纤维交织结构，柱状镶嵌结构、柱状变晶结构等。质地细腻时，抛磨后表面光滑，具有微凹剥落。质地较粗时，可见解理面闪光即"翠性"。通过分光仪测试致色光谱：绿色翡翠品种红光区630nm、660nm、690nm有三条阶梯状吸收谱，紫区有吸收线。翡翠437nm吸收线具有诊断意义。等等，仪器测试具有很高的科学性，它能通过现代科学技术的手段，测试出可靠的依据，无疑有很大的正确性，一般只有专业工作者掌握。对于绝大多数翡翠爱好者来讲，必须通过肉眼识别手段加以鉴别。

（二）人工漂白注胶翡翠（B货翡翠）

B货翡翠目的在于漂去脏色（黄色、褐色铁质）、改善透明度，增加颜色的鲜艳程度和绿色范围。

处理方法：将绿色好、地子不好翡翠放在→强酸（盐酸）浸泡（1~2个星期，去掉其中的黑色矿物和褐色铁迹，使其底色漂白）→弱碱中和→烘干→充填→抛光。

此时B货翡翠结构疏松，用无色树脂或塑料注入，提高翡翠透明度，扩大绿色的范围，因此B货翡翠体色洁净，绿色鲜艳，透明度好，但内部结构破坏，一般佩戴两年其表面就会出现白色斑点，它与A货的区别在于：

1.颜 色

经过漂色的翡翠，颜色一般显得较鲜艳，但不太自然，有时会使人感到带有黄气。

2.光 泽

处理过的翡翠具有树脂的光泽，天然翡翠呈现玻璃光泽。因充填物的加入使光泽变暗，没有天然翡翠明亮，呈带蜡状的玻璃光泽。如果用10倍放大镜贴近观察，有时在表面可能见到半透明的乳白色堆积物。

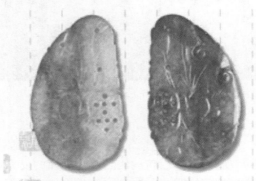

左面经漂色后，底色变白右面未经漂色的翡翠，底色带黄

图8-11　B货翡翠（彩图108）

3.B货翡翠透明度较好

多呈透明度较好的半透明至微透明状，但放进水里透明度快速降低，通体展示出微透明状的乳白色蜡状物。如果用聚光手电透视，透明度均匀，像蒙着一个乳白色的罩子，盐粒状的结构不清，没有在反射光的照射下看得清楚，整件翡翠透明度均匀，显示出了一种布满微透明状的乳白色蜡状物。

4.用手触摸具温滑感

在表面反复摸、擦就像摸玻璃的一样温滑，没有天然翡翠的湿涩感。整块翡翠饰件洁净，没有茶水般的铁迹。漂白充填无机物的B货翡翠与充填聚合物的B货翡翠区别是：火烧不变色；放在水中用聚光手电透视，边缘没有一个明显可见的亮缘，不见丝瓜瓤般的网络。

5.B货翡翠SG下降、重量减轻

轻微撞击，声音发闷，声音沙哑。在UV下有荧光。在红外光谱仪可显示胶的吸收峰。

因此翡翠B货的缺点有三种：一是易碎易折，如互相轻碰发音短促无清脆声。二是老化褪色（时间一般为三至五年）老化后一文不值；三是优化过程使用"王水"等化学腐蚀剂，佩戴在身有害无益，长期佩戴后会对人体产生非常不良的影响。

（三）染色翡翠（C货）

染色C货翡翠是指用人工方法着色的翡翠。染色的方法，一般是将无色或浅色，结构较粗的翡翠用酸洗去杂质，然后再进行低温烘烤，以扩大矿物之间的缝隙，其后放进染料中浸泡，使染料沿着翡翠的裂隙渗透到矿物之间的缝隙里，最终使翡翠染上颜色。现在市场上染色的翡翠有四种：淡紫色染色翡翠；绿色染色翡翠；扩染绿色的染色翡翠；红色染色翡翠。肉眼的识别要点是颜色在翡翠中的展布和在阳光照射下呈显的现象。

C货翡翠的鉴别：

1. 颜色

呈网脉状分布于裂纹或颗粒之间，色呈丝网状。没有色根、铁迹，绿色变淡。

2. 吸收光谱

C货翡翠在680nm处有一条吸收带。

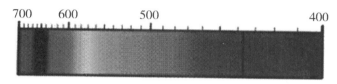

图8-12　C货翡翠的吸收光谱（彩图109）

3. 查尔斯滤色镜

多数染绿品种在滤色镜下变红褐色。

C货经过染色处理，因此其颜色是人工充填进去的，看上去和翡翠天然形成的颜色就不同，行货说色比较"邪"就是这个意思。

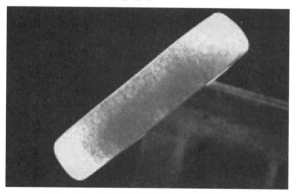

图8-13　C货翡翠的颜色（彩图110）

（四）酸洗充胶+染色处理翡翠（B+C翡翠）

B+C的处理方法较为简单，过程为：酸洗，翡翠经过酸洗后形成多孔的白渣状；对已经呈疏松状的翡翠上色，可以用浸泡到染料溶液中的方法，也可用毛笔涂色的办法，并且可以在所需要地方的涂色，也可以在手镯上涂成色带，也可以涂上多种不同的颜色，也可以在浅绿的翡翠上加色使之更为明显。充胶和固化：上好的翡翠进行充胶固化。

一般情况下，B+C翡翠易于鉴别，绿色的B+C翡翠，除了具有B货的特征外还具有染绿色翡翠的特征：

1. 丝瓜瓤结构

颜色沿硬玉等矿物颗粒之间的间隙分布的现象；

2. 丝线状结构

平行细丝状的绿色；

3. 模糊边界结构

色形的边界模糊不清；

4. 紫外荧光

可有较强的绿白色荧光，尤其是绿色和灰绿色部分的荧光。

5. 没有Cr^{3+}的吸收光谱

图8-14　B+C翡翠（彩图111）

五、翡翠与相似玉石、仿制品的区别

与翡翠相似的玉石有很多，市场上常见的品种有澳玉、马来玉、绿色东陵玉、不倒翁、独山玉、岫玉、水钙铝榴石、玻璃等等。

1. 澳玉（绿玉髓）

又称南洋玉，因盛产于澳大利亚而得名。由于颜色翠绿，颇得人们喜爱。它有一定透光性，颗粒细，价格较低，曾经迷惑了一些人。其实它是一种隐晶质的SiO_2，在矿物学中称玉髓或石髓。 澳洲玉严格来讲绿色的玉髓，它的外观颇似翡翠，但与翡翠不同之处有：

（1）澳玉的颜色太均匀，呈生苹果绿，很少深绿色，很像塑料。

（2）凭借放大镜观察，澳洲玉绝对看不到翠性。

（3）比重为2.60的澳洲玉比翡翠的比重轻得多。

（4）澳玉的折射率为1.55，比翡翠的折射率为低。

图8-15 澳 玉（彩图112）

2. 马来玉

马来玉是一种染成绿色的石英岩，半透明状，绿色，由于是染色而成，因此透过光线可见绿色染料象丝状一样分布在石英岩中。

在玉器市场以绿色鲜艳而又均匀的玉石，做成的串珠或戒面，曾经蒙骗了不少人，以为它是"难得的高档翡翠"。

（1）肉眼观察，马来西亚玉的颜色过于鲜艳而十分不自然。

（2）马来玉的比重为2.65，折射率为1.55。

（3）在查尔斯滤色镜之下颜色不会变红色，但在十倍镜下可观察到染色剂存在，即颜色很浮，是染色的现象。

（4）吸收光谱：在红区660~680nm有吸收窄带。

图8-16 马来玉（彩图113）

3. 岫 玉

岫玉是产于辽宁岫岩的一种蛇纹石玉，绿色以黄绿色为主，表面呈油脂光泽，硬度低，用一般的小刀即可刻动，而翡翠是不能刻动的。

（1）结构特征和光泽：蛇纹石玉的结构细致，即使在显微镜下也看不出粒状结构，抛光表面上一般没有橘皮效应的现象，相当于老坑玻璃种质地的翡翠，但这种质量的翡翠为玻璃光泽，蛇纹石玉为亚玻璃光泽。

（2）内含物特征：蛇纹石玉常有特征的白色云雾状的团块，各种金属矿物，如黑色的铬铁矿和具有强烈金属光泽的硫化物。

（3）相对密度：蛇纹石玉的相对密度比翡翠小很多，手掂会感到其比较轻。用静水称重或重液可以准确地加以区别。

（4）硬度：蛇纹石玉的硬度低，一般可被可刀刻动，但要注意岫岩产的蛇纹石玉的硬度可以达到5.5，比小刀的硬度大，也比玻璃的硬度大，可以在玻璃上刻划出条痕。

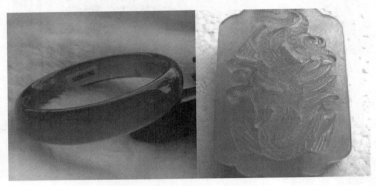

图8-17　岫　玉（彩图114）

4. 水沫子（钠长石玉）

钠长石玉是近几年才出现的新品种，又称"水沫子"，是与缅甸翡翠伴生（共生）的一种玉，水沫子本身与翡翠一样美丽，不能因为被冒充成翡翠而将其打入冷宫，人为的主观因素不能成其为伪劣产品的罪名。其品质优良外观美好，具有很大的观赏价值和升值空间。

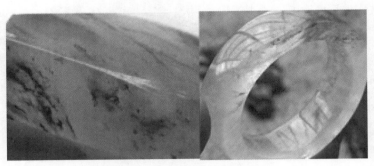

图8-18　钠长石（彩图115）

（1）光泽：钠长石玉的透明度好、透明到半透明，相当于翡翠的冰地到藕粉地，但是其光泽为蜡状到亚玻璃状光泽，同样质地的翡翠为玻璃光泽。

（2）内含物：钠长石玉常出现圆点状、棒状、棉花状的白色絮状石花；翡翠比较少见这种类型的石花。

（3）碰撞敲击声：与同等透明度的翡翠比较，声音不够清脆。

（4）折射率：1.53左右比翡翠低。

（5）相对密度：2.66左右比翡翠低，同体积的玉石比翡翠轻三分之一。

5. 水钙铝榴石（不倒翁）

为一种多晶集合体，半透明到不透明，也称不倒翁，常见浅绿色，绿色由Cr致色，呈点状、块状和不规则状色斑不均匀地分布，白色部分为无色的钙铝榴石。水钙铝榴石折射率1.74，相对密度：3.45左右。

（1）绿色色斑：钙铝榴石玉的绿色呈点状色斑（图8-19），而翡翠呈脉状。

（2）光泽：钙铝榴石玉饰品的光泽差，不易抛光。

（3）查尔斯滤色镜：钙铝榴石玉的绿色部分在查尔斯滤色镜下变红或橙红色。

（4）钙铝榴石玉的折射率1.74和相对密度3.50都大于翡翠。

图8-19　水钙铝榴石（彩图116）

表8-2　　　　　　　　　　　　　　翡翠及相似玉石的主要特征

品种	折射率	重液反应（二碘甲烷）	查尔斯滤色镜反应	吸收光谱	外观特征（放大观察）
翡翠	1.66	3.30~3.36悬浮或缓慢浮或下沉	不变红	红光区可显三条吸收带，紫光区437nm有一吸收线	颜色不均匀，有色根，有翠性、粒状结构、铁迹；光泽油亮橘皮效应，石花
绿玉髓	1.53	2.65漂浮	不变红	无特征吸收谱线	色均、隐晶质；表面有无色脉状分布
马来玉	1.54	2.60漂浮	不变红 或粉红色	红区660~680nm有吸收窄带	粒状结构，无翠性，绿色呈丝网状分布
蛇纹石玉	1.56~1.57	2.60漂浮	不变红	无	颜色偏黄，均匀且较淡，透明度较高，呈明显的油脂光泽
水钙铝榴石	1.74	3.45下沉	粉红色	蓝区可显吸收带（461nm）	颜色不均匀常成点状、小团块状色斑
钠长石玉	1.53	2.66漂浮	不变红	无	白色絮状物、墨绿色灰蓝色的飘花
独山玉	1.56~1.70	2.73~3.18漂浮	粉红色	无	斑杂状色斑、黑色点状内含物
玻璃	1.66	3.32悬浮	不变红	无	具羊齿植物叶脉纹
软玉	1.62	2.95漂浮	不变红	绿区509nm有一吸收线	色均、光泽柔和，细腻，油脂光泽

六、翡翠的评价

我们经常在市面上看见颜色各异，质地不一的各种翡翠，翡翠之间的细微差距，都会导致它身价间的天壤之别。所谓黄金有价，玉无价，其实一块质地好的翡翠是十分稀少珍贵的。色、透、匀、形、敲是一般人观赏或评价翡翠的方法。其评价依据主要是颜色、透明度、结构、净度和切工。

1. 色

丰富，是决定翡翠价值的首要因素，颜色差一点点，价值就差很多。因此，正确观察颜色非常重要。但价值高的仅限于翡翠中的绿色，所以翡翠颜色的评估，实际上也就是翡翠中绿色的评估。好的绿色要达到的标准是正、阳、浓、均。

"正"，指的是颜色的色彩（色调），如翠绿、黄绿、黄绿、墨绿、灰绿等等；"浓"指的是颜色的饱和度（深度），即颜色的深浅浓淡；"阳"指的是颜色要鲜艳明亮，受颜色的色调和浓度的控制；"匀"指的是均匀程度，所以颜色（绿色）的好坏取决于色彩、浓度和匀度三个要素。

2. 水

是行业中对翡翠透明度的俗称，也叫水头。通常用光线穿过玉石料的深度和广度来描述，光线穿过3毫米厚的玉料为"一分水"；6毫米为"二分水"，由于组成翡翠的颗粒粗细不同、结合方式不同，允许光通过的能力也就不同。若大部分光线不能透过，翡翠的颜色显得死板，行话称之无水分，也就是很"干"。若允许大部分光线透过翡翠，则透明度较高，使翡翠显得非常晶莹，有"水汪汪"的感觉，行话形象地称之为水分足。欣赏透明度高的翡翠会令人有一种陶醉感，这种翡翠有一种滋润的感觉，似乎颜色是活的，可向四周放出。

影响水的因素有：颜色深浅、材质厚薄、形状、内部干净程度等等。水和种有密切联系，大多数情况下种好的水也好，种差的水也差。

3. 种

是指翡翠的结构和构造，即结晶颗粒的粗细和结构的致密程度。结构细腻致密"种"就好；反之"种"就差。行话说，"外行看色，内行看种"，充分说明种的重要性。行业中通常称为"老种"是指结构细腻致密，粒度微细均匀，透明度好，微小裂隙不发育，它的硬度比重最高，是质量较好的翡翠。结构粗、疏松，透明度差的称为"新种"；"种"受组成翡翠的矿物颗粒大小、结构致密程度的制约，也受矿物组合不同的影响。"种"有老嫩之分，质地好的叫"老种"；质地差的称"嫩种"。在民间对种有较形象的称呼，例如：玻璃种、冰种、豆种、油清种、糯化种、花青种等等。

4. 净度

是指能够影响到宝石外观的完善性的各种现象，对翡翠而言，有石花、黑点，翠性闪光，杂色的色带（斑），石纹和裂纹等。

5. 切工

古语说："玉不雕不成器"。其价格的高低取决于设计师和雕刻师的构思、造型和抛光工艺。好料会在差的雕刻者手中减值，差料会在好的制作者手中增值，故一件翡翠成品的造型是否新颖入时，俏色是否得当，抛光是否明亮，都是评价翡翠的重要因素。对于戒面、耳钉等首饰，要求切工规正，抛光优良；对于挂件、摆件来讲，工匠的巧妙构思、娴熟技艺将起到决定作用。

总的来说翡翠的经济评价是一项很复杂的工作，对于消费者评价时要"三看"。

1. 看颜色

翡翠的颜色有很多种，最常见的有白色、绿色、红色、黄色、紫色、灰色、蓝褐色、黑色等色彩，其中绿色最为稀少，故最为珍贵，也是价值所在，绿色以鲜艳嫩绿的翠绿为最佳，以浓、阳、正、匀为上品，纯紫罗兰，靓翡红色价值也甚高，红、绿、白三彩（福、禄、寿）更为佳品。

2. 看质地

即翡翠的底色叫"地"也叫"种"，透明度愈佳，价值愈高，据质地结构不同的表现对"种"或"地"的叫法也不同，常见的有玻璃种、冰种、花青种、油青种、豆青种、干青种等等。

3. 看雕工

指翡翠的雕刻工艺，一块翡翠价值的高低与其雕刻工艺的精细，寓意的巧妙有着十分重要的关系，"三分料、七分工"纯手工的雕刻及翡翠颜色不同的特征使每一件成品都是独一无二。原石深埋于底，历经地壳变动，如能三合为一，本是世间难寻的美玉，价值连城。

七、翡翠的文化内涵

指符合中国吉祥图案造型及东方人审美观念的题材，主要包括以下几个方面：

1. 东方美

翡翠的美，不是鲜艳、灿烂、明快之美，而是温润、柔和、含蓄之美。这种"东方美"正符合中国人谦和、友善、坚韧的千年习性，因此深受中华民族的喜爱。君子以德比玉，宁为玉碎，不为瓦全，这远不够，世间的人、物、事、天、地、山、川、情欲、信念，只要美好，一律以玉喻之。再加种、水、色、工千变万化的配合，使翡翠具有一种难以言状的美。

2. 吉祥如意

翡翠挂件的绝大多数题材，都是用所雕物品的谐音或谐意，来表达吉祥如意的主题。如蝙蝠表示福，佛手表示福，花瓶表示平安，马上猴表示马上封侯，豆荚表示财源滚滚，竹节表示事业节节高，鬼头可以避邪，龙凤便会呈祥等等，不胜枚举。

3. 十二生肖

中国文化圈内的大多数人都在这十二种属相之内，他们都有根深蒂固的属相意识。无数人相信这一十二种动物在冥冥之中与人有着源远流长的关系。

4. 佛和观音

玉文化中受佛教的影响较大，一部《西游记》把如来佛和观世音传播得家喻户晓。

人们无论信不信佛教，读未读过佛经，都知道佛和观音是保平安的。民间盛传"男戴观音女戴佛"，是取其佛法无边，来保凡人的平安。另外，佛和观音立卧的姿势的不同，手势的不同，手持圣物的不同，都有不同的含义。除佛教外，中国玉文化中还包括了很多道教和儒家的人物和典故。

5. 现代题材

现代生活产生现代的精神追求，玉雕也有相当内容表现现代题材。这些题材推陈出新，在继承传统文化的同时，表现新的时尚和潮流，特别受到年轻人的青睐。

6. 玉　缘

全世界只有帕敢地区出产优质翡翠，在那些粗犷神秘的高山蛮林之中，大自然赐给了人类这种独特的宝物。从挖玉开始，挖玉人就相信人和玉有"天缘"，有的人挖一辈子也挖不到美玉，有的人为挖玉而倾家荡产，有的人甚至命丧蛮野。而有的人只要去挖，便可寻得美玉，从此大富大贵。于是玉石厂的挖玉人便有"玉石天命"之说。人玉之缘一直延伸到成品，世间没有完全一样的两件翡翠成品，正像世间没有完全一样的两个人一样。顾客站在十件百件千件翡翠面前，件件不同，件件各具特色，左看右看七挑八挑，六神无主失去了主意。恰如男女求偶，看多了眼花了。

八、翡翠场口

场口就是翡翠的产地。缅甸翡翠产地也称矿区或场区，共分六个场区，每个场区又分许多场口。各个场区所产翡翠，外观、质量和颜色上都有各自的特点。一般赌石者可以根据场区场口所产翡翠的特殊性，来观察判断这块翡翠是否可赌。场区又分老场区、新场区及新老场区。

老场区（也称老坑老厂）：

1. 帕岗场区

著名场口有灰卡、木那、大谷地、四通卡、帕岗等28个以上场口。

2. 木坎场区

著名场口有大木坎、雀丙、黄巴等14个以上场口。

3. 南奇场区

著名场口有南奇、莫罕等9个场口。

4. 后江场区

著名场口有后江、雷打场、加莫、莫守郭等5个以上场口。

新场区（也称新坑新厂）：

5. 新场区

著名场口有马萨厂、凯苏、度胃、目乱岗等11个以上场口。

新老场区（也称新老厂）：

6. 新老场区

著名场口有龙塘场口等。

缅甸的翡翠贸易对这个地区的繁荣起到了重要作用。这包括翡翠原石贸易、税收以及对原石的评估市场等。大部分缅甸翡翠市场较小，而中国商人在其中占主导位置。市场主要集中在帕岗和勐拱地区。

九、翡翠的产状和产地

1. 缅甸翡翠原生矿床

翡翠的原生矿床发现于1877年（光绪初年），矿体成脉状分布在第三纪的蛇纹石化橄榄岩中，位于地处高山的度冒—缅冒一带，翡翠矿脉甚至可追索到矿区的最北端的磨西西。翡翠矿脉长度不等，4条矿脉矿平行或近于平行产出，延伸全长约6.4公里。

2. 翡翠次生矿床

（1）次生矿床的分布

次生矿是最早开采的翡翠矿床，最晚在明朝末年，至今已由300多年的开采历史。几百年这些次生矿的开采，主要在第三纪的雾露巨砾岩的分布区内，砾岩的厚度可达300米，从剖面上看，砾岩上覆在基岩上，砾岩上又有一层卵石和砂砾层，最顶部为冲积层。

（2）次生矿床的类型

次生翡翠矿床又可细分成三种类型：含翡翠巨砾岩矿床（又称阶地沉积矿床），现代河流冲积矿床和残坡积矿床。

3. 世界翡翠产地简介

（1）危地马拉翡翠

危地马拉是另一个具有商业性的出产翡翠的产地。在玛雅文化的出土文物中，发现有大量扁圆形的翡翠制品。1974年重新发现翡翠矿床以来，年开采量达到1000多吨。

危地马拉翡翠的硬玉含量从5%~85%，钠长石从5%~95%，白云母从相当少量到10%，石英不超过5%。此外还含有极少量的金红石和黝帘石。

同时，硬玉的化学成分特点是含铬少，Ca、Mg、Fe的含量较高，并可以过渡到绿辉石，即与绿辉石形成连续的固溶体，所以很少有正绿色的品种。

（2）俄罗斯西萨彦岭翡翠

俄罗斯西萨彦西翡翠为原生矿，质量较好，翡翠颜色深绿色致淡绿色，常有黑色斑点、辉钼矿和绿辉石等包体，但是产量小，商业意义较小。

翡翠的矿物成分是：硬玉70%~90%，绿辉石7%~12%，还有少量的钠长石，方沸石，钠沸石、钠铁闪石、辉钼矿、钠铬辉石、钙铝榴石和刚玉等矿物。其中的硬玉Ca和Fe的含量较高。

危地马拉、俄罗斯、美国、日本和新西兰等国产翡翠，但翡翠不是质次，就是形成不了商业性开采的规模。因此，从商业意义上来说缅甸是唯一的翡翠矿产地。

第三节　软　玉

一、概　述

中国是世界是最早开发和利用软玉资源的国家，考古发现最早的玉器文化距今将近8000年的辽宁新石器时代查海文化。其次是分别距今6000年和5000年的长江流域新石器时代崧泽文化和良渚文化。尤其是良渚文化以大量精美的玉器为特色。到了夏、商、周三代，玉器更成为神圣之物，用作祭拜祖先、天地、神灵以及朝廷作为礼仪的礼器。重视礼仪的古人把玉比作道德为象征。用玉具有温润坚美的特征比喻"仁、义、礼、智、信"的品德。玉的开发和利用不仅对各个时期的经济艺术的发展有着重要作用，也是中华民族灿烂文化的重要组成部分。中国的玉雕在世界上久负盛名，被称为"东方瑰宝"或"玉雕之国"。软玉以其细腻的质地，温润的光泽深受人们的喜爱，优质的白玉为高档玉雕材料。

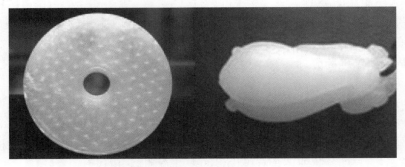

图8-20　软　玉（彩图117）

中国古代的真玉只有软玉一种，这种情况一直延续到明清之交缅甸翡翠呈规模性输入中国为止。软玉也被称为"和田玉"，因产于新疆和田而得名，俗称"中国玉"。

和田玉是中华民族的瑰宝，已被提名为中国的"国石"。早在新石器时代，昆仑山下的先民们就发现了和田玉，并作为瑰宝和友谊媒介向东西方运送和交流，形成了我国最古老的和田玉运输通道"玉石之路"，即后来的"丝绸之路"的前身。

二、软玉的基本性质

1. 矿物组成

软玉的主要矿物组成为透闪石-阳起石类质同象系列，有时会有少量透辉石、滑石、蛇纹石、绿泥石、黝帘石、铬尖晶石等伴生矿物。

2. 化学组成

为含水的钙镁硅酸盐。$Ca_2Mg_5(Si_4O_{11})_2(OH)_2-CaFe_5(Si_4O_{11})_2(OH)_2$。

3. 晶系及结晶习性

软玉的主要组成矿物为阳起石和透闪石，都属单斜晶系；这两种矿物的常见晶形为长柱状和纤维状，软玉本身则是纤维状矿物的集合体。

4. 结构构造

软玉的典型结构为纤维交织结构，块状构造。质地致密、细腻。软玉韧性好，其原因是因为细小纤维的相互交织使颗粒之间的结合能加强，产生了非常好的韧性，不易碎裂，特别是经过风化、搬运作用形成的卵石，这种特性尤为突出。

5. 物理性质

（1）颜色：变化大，有极白、白、青白、青、黄、绿、黑等。当主要组成矿物为白色透闪石时则软玉呈白色，随着Fe对透闪石分子中Mg的类质同象替代，软玉可呈深浅不同的绿色，Fe含量越高，绿色越深。主要由铁阳起石组成的软玉几乎呈黑绿—黑色。

图8-21　软玉的颜色（彩图118）

（2）光泽及透明度：软玉呈玻璃光泽和蜡状光泽；绝大多数为半透明至不透明，以不透明为多，极少数为透明。

（3）硬度：约为6~6.5。

（4）相对密度：2.95（+0.015/−0.05）。

（5）折射率：为1.62。

（6）光谱：不明显，但有时在蓝绿区509nm处有一条较清晰带。

（7）发光性：紫外线下软玉为荧光惰性。

（8）韧性：在玉石中是最强的，达到9以上，因而不易破损。

6. 内含物

绿色品种中常含有不透明的金属矿物，如细粒的磁铁矿呈黑点状分布于其中。

三、软玉的品种

1. 按产出环境划分

软玉按产出地质环境，分为仔玉、山料和山流水。

（1）仔玉：由原生软玉矿藏或岩体经风化搬运至河流中堆积而成。软玉呈卵石状，大小悬殊，磨圆度较好，外表可有厚薄不一的皮壳。

图8-22　软玉的仔玉（彩图119）

（2）山料：原生软玉矿床的玉石，呈块状，棱角分明。

（3）山流水：从原生矿床自然剥离的残坡积，一般距原生矿较近，次棱角状，磨圆度差，通常有薄的皮壳，块度较大。

2. 按颜色及花纹划分

软玉按颜色及花纹可分为以下几种：

（1）白玉：主要矿物透闪石占99%以上，指呈白色的软玉，传统珠宝界对于不同程度的白色软玉有不同的叫法，如羊脂白、梨花白、雪花白、象牙白、鱼骨白、糙米白、鸡骨白等，其中以呈羊脂白色（状如凝脂者）为最好，售价也最高。

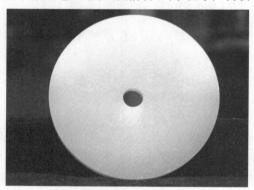

图8-23　白　玉（彩图120）

（2）青玉：主要矿物透闪石占93%以上，淡青至深青色，质量如白玉相同，因颜色不如白玉惹人喜爱，价值低于白玉。

中国传统的"青玉"为深绿带灰或绿带黑色。青玉为淡青绿色，有时呈绿带灰色的软玉。

（3）青白玉：指介于白玉与青玉之间，似白非白，似青非青的软玉。古人即用此名。

（4）碧玉：指呈绿、鲜绿、深绿、墨绿、有时为暗绿色的软玉，但它决非石英质玉石中的"碧玉"或"碧石"。

（5）黄玉：淡黄至棕黄色，黄中闪绿，罕见者为蒸粟黄，密蜡黄、黄玉色多浅淡，少见色浓者极其贵重。优质黄玉其价值等同羊脂白玉，清代乾隆时期盛行黄玉制品。

（6）黑玉：指呈纯黑、墨黑、深灰色，有时呈"青黑"色的软玉，往往与青玉相伴，其光泽比其他玉石暗淡。即使在一块以黑色为主的玉石上也会杂有青色，甚至白色。

（7）糖玉：指呈血红、红糖红、紫红、褐红色的软玉，其中以血红色糖玉为最佳，多在白玉和青玉中居从属地位。但如果红色在鲜艳程度和分布上有"特色"时亦可予以保护和利用之。

（8）花玉：指在一块玉石上具有多种颜色，且分布得当、构成具有一定形态的"花纹"的玉石，如"虎皮玉"、"花斑玉"等。

四、软玉的鉴别

软玉在玉石中属颜色相对均一，透明度差的品种，只要仔细观察，比较容易识别。

1. 颜 色
色均，绿色品种中常含有不透明的金属矿物，如细粒的磁铁矿呈黑点状分布于其中。

2. 透明度和结构
一般微透明，纤维状交织结构或毡状结构，质地细腻，致密。

3. 光 泽
光泽柔和，细腻，为油脂感的玻璃光泽或油脂光泽。

五、软玉与相似玉石的鉴别

1. 石英岩
与软玉最为相似的是白色石英岩。在肉眼鉴定中软玉与白色石英岩有如下区别：
（1）软玉较大部分为油脂光泽，而石英岩具玻璃至油脂光泽。
（2）软玉具纤维交织结构，十分细腻，其断口为参差状，而石英岩具粒状变晶结构，其断口为粒状。
（3）一般情况下软玉的透明度低于石英岩。
（4）同样大小的制品用手掂时，软玉较重，而石英岩则较轻飘。

2. 岫 玉
黄绿色软玉外观上可能与岫玉（蛇纹石玉）相似，因为岫玉的结构也很细腻，肉眼鉴定软玉与黄绿色岫玉的区别：
（1）软玉主要为油脂光泽，而岫玉则主要为蜡状光泽。
（2）大部分情况下软玉的透明度低于岫玉的透明度。

（3）软玉的硬度明显高于岫玉，岫玉制品的棱角更趋于圆滑。

（4）软玉制品往往颜色单一，而大块的岫玉制品可出现灰、黑、黄绿等几种颜色间杂的现象。

3.绿玉髓

绿色玉髓为隐晶质石英，颗粒极为细小，结构上与软玉类似，但是有很多的区别，一般不容易混淆：

（1）绿玉髓的绿色比较鲜艳，而绿色软玉的绿色大多为暗绿色。

（2）玉髓制品有较高的透明度、为玻璃光泽。

（3）玉髓制品手掂有轻感。另外，玉髓的折射率、相对密度低于软玉，而硬度却大于软玉。

六、软玉的评价及工艺要求

软玉主要用于雕刻，做成各种雕件、挂牌或项串、手镯等饰品，所以对原料的要求要从以下几个方面考虑：

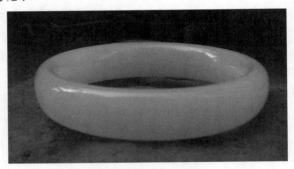

图8-24　软玉手镯（彩图121）

1.质　地

质地致密、细腻、坚韧、光洁，油润无瑕，无绺无裂。

2.颜　色

颜色鲜艳，纯正均匀，其中以白色为主，若白如羊脂者可称为羊脂玉，是极为稀少的软玉品种。

3.光　泽

软玉大多为油脂光泽，如油脂中透着清亮，则光泽为佳。

4.块　度

应有一定的块度。按软玉的产出环境分为山料、仔料和介于二者之间的流水料。其质地以仔料为最佳，这种料呈卵石状，是原生矿（山料）经风化、搬运、冲积，最后成为冲积砂矿，而山料是原生矿，山料呈棱角状的外形，一般润性及韧性稍差。

七、软玉的产地

1. 中国新疆

中国是软玉的著名产出国之一，而中国软玉又主要产于新疆，新疆的软玉产于昆仑山、天山和阿尔金山三大地区。在四川和台湾也有部分产出。

（1）和田地区

和田地区为新疆产软玉的主要地区，它东起且末，西至塔什库尔干，在长达1200km的昆仑山脉和有关的河流河床中，已发现软玉矿点20多处，构成中国软玉的重要矿带。这里产出的软玉供应全国各地玉器厂，特别是该地的羊脂玉供不应求。

（2）天山地区

天山地区的软玉为碧玉，因产在玛纳斯县境，故称"玛纳斯碧玉"。碧玉产于北天山岩带上，碧玉呈绿色，块状，质地坚韧细腻，组成矿物属透闪石—阳起石系列。

（3）阿尔金山地区

产于阿尔金山地区的软玉，今称"金山玉"。该区除产出少量青玉外，主要是碧玉，碧玉性质与玛纳斯碧玉十分相似。矿体产于超基性岩体中，主要由含铁的透闪石矿物组成。

2. 中国青海

青海软玉矿位于格尔木市，地处昆仑山的南麓，昆仑山由新疆、西藏入青海、四川，在新疆、青海境内有3000多千米长，平均海拔5600米左右。与和新疆田玉同处于一个成矿带上，昆仑山之东为青海玉，山之北为和田玉，两者相距直线距离不过300千米，所以昆仑玉与和田玉在物质组合、产状、结构构造特征上基本相同。

软玉矿由镁质大理岩与中酸性岩浆接触交代而形成的软玉矿，是典型的接触交代成矿作用的产物，矿体呈透镜状、肠状、块状。软玉有绿花玉、绿斑玉、青白玉、微细结构、致密块状，显油脂光泽。青海的白玉和青白玉成为现在玉器市场的重要原料。

青海白玉原料价格由1992年进入市场以来，价格从每公斤5元飞涨到目前每公斤数千元甚至上万元，与和田玉一起成为白玉市场的重要原料。

3. 世界其他的软玉产地

（1）澳大利亚南澳大利亚州

澳大利亚最重要的软玉矿床为南澳大利亚州的科韦尔软玉矿床，软玉呈暗绿至黑色的细粒块状，透明度比通常的碧玉更好，软玉储量占世界储量的90%，是世界上最大的优质矿床。

（2）俄罗斯贝加尔湖

俄罗斯软玉主要来自西伯利亚贝加尔湖地区，软玉矿体呈透镜状、脉状赋存于辉长岩类的接触带中，软玉呈波莱绿、黑色和白色，是世界上少数产有白玉的软玉矿床。贝加尔湖中也有次生的软玉矿床。

（3）新西兰软玉

新西兰毛利人开发和利用软玉资源的历史悠久，软玉英文的名称就起源于毛利人对玉石的称呼。新西兰软玉大部分来自南岛的奥塔弋区，西部区和坎特伯里区的冲积矿床。原生软玉沿南岛长轴方向延布，产于蛇纹岩与围岩的接触中。

（4）加拿大软玉

位于不列颠哥伦比亚省，主要产出绿色的碧玉，软玉矿体呈脉状、透镜状产于安山岩和蛇纹岩的接触带上。

（5）美国软玉

矿床分布在科迪勒拉山脉西部，矿体大多产于蛇纹岩和前寒武纪变质岩中，软玉呈淡橄榄绿、淡蓝绿和暗绿色。世界上软玉的产出国还有巴西、波兰、意大利和法国等。

第四节　蛇纹岩玉

蛇纹岩玉是我国应用历史最早，延续时间最长的传统玉料。在新石器时期出土的文物中主要是蛇纹岩玉。由于产地多，其价格低，是我国低价玉雕的主要玉料。

蛇纹石玉根据产地不同有不同的名称，如新西兰产的称为鲍温玉，美国宾夕法尼亚州产的蛇纹岩玉称为威廉玉。我国产地也很多，其中以辽宁岫岩县产的蛇纹岩玉质量最好，称为岫玉。

图8-25　岫　玉（彩图122）

一、蛇纹石的基本性质

1. 矿物组成

蛇纹石玉的重要组成矿物是蛇纹石，除此之外，蛇纹石玉中还有白云石、菱镁矿、绿泥石、透闪石、滑石、透辉石、铬铁矿等伴生矿物。以我国辽宁岫岩蛇纹石玉为例，纯蛇纹石玉的蛇纹石含量大于95%，而透闪石蛇纹石玉中蛇纹石含量大于70%，而伴生矿物透闪石含量可达20%~30%。青海的绿泥石蛇纹石玉，其中绿泥石等伴生矿物总含量高达35%左右。

2. 化学组成

蛇纹石是含水的镁硅酸盐：$Mg_6Si_4O_{10}(OH)_8$。

3.晶系及结晶习性

蛇纹石属单斜晶系，常见晶形为细叶片状或纤维状。

4.结　构

肉眼观察蛇纹岩玉为均匀的致密块状体，高倍显微镜下为细小的粒状，纤维状矿物集合体。

5.物理性质

硬度为5，比重为2.6左右，半透明—不透明。蜡状—油脂光泽，性脆。折射率为1.56~1.57。

6.颜　色

以青绿为主，深浅不同。有果绿色、浅绿、黄绿、黄色、褐黄、褐红、黑色等，颜色较丰富，产地不同，矿物组合不同，则颜色有差异。

二、蛇纹石玉的品种和命名

1.蛇纹石玉的品种

蛇纹石玉的产地非常多，不同产地的蛇纹石玉的矿物组合不太相同，表现在颜色等特征上也不太相同，如：

（1）酒泉蛇纹石玉

产于甘肃省祁连山地区，为一种含有黑色斑点或不规则黑色团块的暗绿色蛇纹玉石。

（2）信宜的蛇纹石玉

产于中国广东省信宜县，为一种含有美丽的花纹的质地细腻的暗至淡绿色块状蛇纹石玉，俗称"南方玉"。

（3）陆川的蛇纹石玉

产于中国广西陆川县，主要有两个品种，其一为带浅白色花纹的翠绿—深绿色，微透明至半透明的较纯蛇纹石玉；另一种为青白—白色，具丝绢光泽、微透明的透闪石蛇纹石玉。

2.命　名

在传统习惯上，蛇纹石玉常以产地命名，因此出现了信阳玉、陆川玉、台湾玉等名称。这些名称在市场常引起混乱，使购买者无法了解其所购物的本质是什么，因此在珠宝玉石的国家标准中规定宝石级蛇纹石，均以"蛇纹石"或"蛇纹石玉"来统一命名，产地不介入命名。仅岫岩玉作为蛇纹石玉的一个品种单独命名。

三、蛇纹石玉与相似玉石的鉴别

蛇纹石玉颜色偏黄，均匀且较淡，质地较细腻，透明度较高，透光观察可见水波纹，呈明显的油脂光泽。

图8-26　岫玉手镯（彩图123）

1. 软　玉

有些软玉与蛇纹石玉在外表上比较相似，但是软玉的折射率（1.62）和相对密度（2.8）高于蛇纹石。

2. 翡　翠

某些翡翠有可能与蛇纹石玉相似，但翡翠折射率（1.65）和相对密度（3.3~3.36）都明显高于蛇纹石。翡翠有解理面的反光（翠性）和粒状结构（豆性）而蛇纹石没有。

四、蛇纹石玉的优化处理及其鉴别

1. 染　色

蛇纹石玉先通过热产生裂隙，然后浸泡于染料中，经染色而成的蛇纹石的颜色全部集中在裂隙中，放大检查很容易发现染料的存在。

2. 仿古处理

采用化学染料浸泡、浸入油后考焦、强酸腐蚀等各方法，造成玉器表面呈现出类似古玉器的沁色和腐蚀凹坑。这种处理不容易识别，需要结合玉器的各种特征进行综合鉴定。

第五节　绿松石

绿松石为矿物名，工艺名为松石。国际上也称土耳其玉，是古老的宝石之一。早在古埃及、古墨西哥、古波斯，绿松石被就作为宝石，被视为神秘、避邪之物，制成护身符和随葬品。为一种上等玉雕材料。我国新石器时代也已将绿松石为饰品。

我国湖北绿松石在世界上享有盛名，古有"荆州石"之称。属高档的玉雕材料，特别是质纯、色艳的大料（大于5~10千克者）被视为珍品。绿松石在西藏至今仍是最流行的神圣装饰物，并在西藏人民的宗教仪式上扮有重要角色。

我国的绿松石制品畅销世界各地，深受各国人民的喜爱。绿松石为十二月生辰石，象征着成功和必胜。

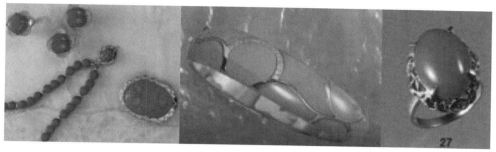

图8-27 绿松石首饰（彩图124）

一、绿松石基本性质

1. 化学成分

为一种含水的铜铝磷酸盐，$CuAl_6(PO_4)_4(OH)_8 \cdot 4H_2O$。

2. 晶系及结晶习性

绿松石为三斜晶系。单晶体为短柱状，但极罕见。一般所指绿松石，是一种致密的隐晶质绿松石矿物集合体。

3. 光学性质

（1）颜色：蓝色、浅绿色、蓝绿色、绿、灰绿、土黄色、灰白色。

（2）透明度及光泽：不透明，块状体为蜡状光泽、土状光泽，晶体为玻璃光泽。

（3）折射率：1.62。

（4）发光性：在长波紫外线下弱荧光，短波紫外线下无荧光。

（5）吸收光谱：在蓝区420nm处有一条不清楚的吸收带，432nm处有一条可见的带，有时在460nm处有一条模糊的带。

4. 力学性质

（1）解理和断口：无解理，参差状断口。

（2）硬度：5~6。与质量有关，高质量的绿松石硬度较高，而灰白色、灰黄色绿松石的硬度较低，最低为3左右。

（3）相对密度：2.6~2.9左右。

5. 其他性质

（1）热学性质：绿松石是一种不耐热的玉石，在高温下绿松石会失水，爆裂，变成一些褐色的碎块。

（2）化学稳定性：在盐酸中绿松石可溶解。

二、品 种

对绿松石的品种划分目前尚无统一标准，根据颜色、结构构造、质地等将绿松石分为下列品种。

1. 晶体绿松石

一种极为罕见的透明绿松石晶体，已知仅产于美国弗吉尼亚。粒度很小，难以琢磨成成品宝石。

2. 绿色松石

蓝绿至豆绿，质感好，光泽强，硬度、密度均较大，是一种中等质量的绿松石。

3. 瓷 松

天蓝色，结构致密，质地细腻，具蜡状光泽，硬度大，密度高，是绿松石的上品。

4. 铁线松石

氧化铁线呈网脉状或浸染状分布在绿松石中，如质硬的绿松石内有铁线的分布能构成美丽的图案。

5. 泡 松

为一种乳白色、浅蓝白色绿松石，因质松散和颜色不好，光泽差，硬度低，因此是一种低档绿松石。

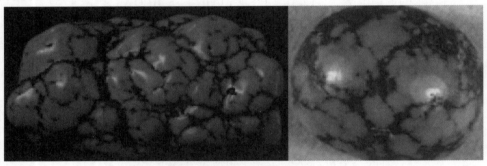

图8-28　绿松石（彩图125）

三、鉴定与评价

1. 鉴 定

绿松石的鉴定的关键在三个方面，一是与相似玉石的区别；二是处理绿松石的鉴别；三是吉尔森合成绿松石的鉴别。

绿松石以其微透明的瓷状外观，天蓝和蓝绿色，及在底色上伴有的白色细纹、斑点，褐色铁线为识别要点。

（1）与相似玉石的鉴别：与绿松石相似的玉石主要有：磷铝石、染色玉髓、蓝铁染骨化石，其鉴别特征。见表8-3。

（2）处理绿松石的鉴别：绿松石的人工处理归纳起来主要有浸泡、上蜡、染色和稳定处理几种。

浸泡是将绿松石浸泡在汽油等液体中，以改变颜色和光泽。但浸泡后的绿松石极易褪色，此种方法目前已很少用。

上蜡是将绿松石成品在蜡中煮，过蜡后使其颜色加深。目前过蜡已成为绿松石加工普遍采用的一道工序。

表8-3 　　　　　　　　　　　　绿松石与相似玉石的鉴别特征

玉石品种	密度（g/cm³）	点测折射率	吸收光谱	其他鉴别特征
绿松石	2.4~2.9	1.62	蓝、蓝绿区三条带	典型的铁线
磷铝石	2.4~2.6	1.58	红区有两条吸收带	
染色玉髓	2.6	1.53		滤色镜下可显红色
蓝铁染骨化石	3.0~3.25	1.60		放大观察可见骨的结构特征
玻璃	2.4~3.3		气泡、旋纹	
瓷	2.3~2.4		玻璃光泽	均匀的粒状结构

染色是将绿松石浸于有机或无机染料中，使其染色。鉴别特征有：染色的绿松石颜色不稳定，染色绿松石颜色深度较浅，因此，在样品表面的剥落处和样品背后有可能露出染色的痕迹；部分染色绿松石可使沾有氨水的棉签变色。

稳定处理包括灌注无机盐和注塑，目的是提高稳定性，透明度，并改变颜色。鉴别特征有：稳定处理后的绿松石密度、硬度会降低；在红外光谱下会有无机盐和塑料的成分等。

（3）吉尔森合成绿松石的鉴别：由吉尔森生产的合成绿松石于1972年面市，据认为是原材料再生产的产品。这种合成绿松石的鉴别可从下列几方面考虑：①相比天然绿松石，合成绿松石颜色更加单一、均匀；②吉尔森绿松石成分较均一，而天然绿松石成分较杂；③吉尔林合成绿松石结构单一；④折射率较低，为1.60；⑤缺乏天然绿松石的吸收光谱。

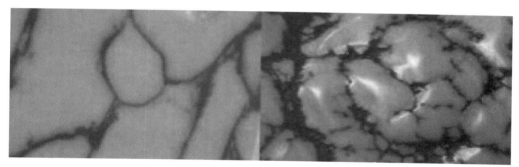

图8-29 吉尔森法"合成"绿松石（彩图126）　　图8-30 带铁线的天然绿松石（彩图127）

2. 评 价

绿松石的质量评价可根据颜色、质地和块度进行，根据这些依据可将绿松石分为4个品级。

表8-4 绿松石质量分级表

品级	颜 色	光 泽	透明度	质 地
一级	天蓝色	玻璃光泽	半透明-不透明	质地致密细腻，坚韧光洁，密度和硬度高
二级	浅蓝色，有深浅明暗斑状	油脂-蜡状光泽	微透明-不透明	表面无杂，有蛛网状花纹或铁线。质地细腻，密度和硬度高
三级	绿蓝、蓝绿色，有斑块	蜡状光泽	不透明	质地较细，多孔疏松，铁线较多
四级	淡绿或暗绿			
黄色	蜡状光泽	不透明	质粗，多孔疏松，铁线较多	

四、产状和产地

绿松石矿床为外生淋滤矿物，与含磷含铜化物的风化作用相关，围岩可以是年轻的酸性喷出岩（如流纹岩、粗面岩、石英斑岩等）和含磷灰石的花岗岩或沉积岩。

主要产地有中国的湖北、陕西、青海、西藏等，国外的产地有伊朗、埃及、美国、澳大利亚、智利、乌兹别克共和国、墨西哥、巴西等。

第六节　独山玉

独山玉因产于河南省南阳的独山而得名，又名"独玉"或"南阳玉"，为我国四大名玉之一。据南阳县黄山出土的文物"南阳玉玉铲"考证，为距今约6000年的新石器时代。又据《汉书》记载现在独山脚下的沙岗店村，相传汉代叫"玉街寺"，是汉代生产和销售玉器的地方，由于独山玉矿的古代挖掘和现代开采，山腹之中矿洞纵横、蜿蜒跌岑长达千余米。

图8-31　独山玉（彩图128）

一、独山玉的基本性质

1. 矿物组成

独山玉的一种黝帘石斜长岩，其组成矿物较多，主要矿物是斜长石（20%~90%）和黝帘石（5%~70%），其次为翠绿色铬云母（5%~15%）、浅绿色透辉石（1%~5%）、黄绿色角闪石、黑云母，还有少量榍石、金红石、绿帘石、阳起石、绿色电气石、褐铁矿等。

2. 化学组成

独山玉的化学组成变化较大，随其组成矿物含量的变化而变化。

3. 结构构造

独山玉具细粒状结构，其中斜长石、黝帘石、绿帘石、黑云母、铬云母和透辉石等矿物呈他形—半自形晶紧密镶嵌，集合体为致密块状。

4. 光学性质

（1）颜色：独山玉颜色丰富，有30余种色调，主色有白，绿，紫，黄（青）红几种颜色。颜色变化取决于矿物组成。

（2）光泽及透明度：玻璃光泽至油脂光泽；微透明至半透明。

（3）折射率：独山玉的折射率大小受组成矿物影响，在宝石试验室用点测法测到的折射率值变化于1.56~1.70之间。

（4）发光性：在紫外灯下，独山玉表现为荧光惰性。有的品种可有微弱的蓝白、褐黄、褐红色荧光。

5. 力学性质

（1）相对密度：2.73~3.18。

（2）硬度：6~6.5。

二、独山玉的品种

工艺上独山玉主要依据颜色划分品种。

1. 白独玉

呈乳白色，主要由斜长石（90%~100%），少量黝帘石，绿帘石、透辉石和绢云母组成。

2. 绿独玉

呈翠绿、绿和蓝绿色。主要由斜长石90%~95%和铬云母5%~10%组成。

3. 黄独玉

呈黄绿色或橄榄绿色，主要由斜长石90%~100%、黝帘石1%~10%，少量绿帘石5%~10%、榍石和金红石组成。

4. 青独玉

呈青色或深蓝色，玉石为蚀变的辉石斜长岩，其中斜长石85%，辉石15%。

5. 墨独玉

呈黑、墨绿色，为黝帘石化斜长岩，斜长石45%，黝帘石45%和绿帘石10%。

6. 杂色独玉

呈白、绿、黄、紫相间的条纹、条带以及绿豆花、菜花和黑花等。玉石为黑云母铬云母化斜长岩或绿帘石化斜长岩。

图8-32　各种颜色的独山玉（彩图129）

三、独山玉和相似玉石的鉴别

1. 翡翠

优质独山玉的质地细腻，很像翡翠，但二者颜色特征和颜色分布特点也有明显的差异，翡翠的颜色比独山玉颜色艳丽，独山玉为明显的蓝绿色，颜色不明快。翡翠绿色为色根状，由绿色的集合体造成；而独山玉绿色沿裂隙分布，由片状的铬绿泥石集合体形成，翡翠的相对密度（3.25~3.34）和折射率（1.66~1.68）均比独山玉高。

2. 软玉

有时软玉也有可能与独山玉相混，但仔细观察可以发现二者的光泽有差异，软玉一般为油脂光泽，而独山玉为玻璃光泽—油脂光泽。独山玉质地细腻程度比软玉差，颜色分布比软玉杂乱。

3. 石英质玉

独山玉与石英质玉比较，折射率高于石英玉（1.54~1.55）。石英质玉呈绿色，颜色均匀，而独山玉颜色杂乱。

4. 蛇纹石玉及碳酸岩

与蛇纹石玉及碳酸岩类玉石相比，独山玉的硬度、相对密度、折射率都高。另外碳酸岩类玉多为白色和绿色，遇酸起泡。

四、独山玉的质量评价

独山玉的经济评价依据颜色、裂纹、杂质及块度大小。

优质独山玉为白色和绿色，白色玉为油脂光泽，绿色者为翠绿、微透明、质地细腻、无裂纹、无杂质。颜色杂、色调暗、不透明、有裂纹和杂质的独山玉为下等品。

五、独山玉的产出特征

独山玉矿体呈脉状、透镜状及不规则状，产出于蚀变辉石岩体中。围岩蚀变作用有透闪石—阳起石化，钠黝帘石化，蛇纹石化和绿泥石化，一般矿脉长1~10m，宽0.1~1m，个别宽5m。

第七节　孔雀石

孔雀石是一种古老的玉料。孔雀石的英文名称为Malachite，来源于希腊语Mallache，意思是"绿色"。中国古代称孔雀石为"绿青"、"石绿"或"青琅玕"。孔雀石由于颜色酷似孔雀羽毛上斑点的绿色而获得如此美丽的名字。孔雀石，一是种脆弱但漂亮的石头，有"妻子幸福"的寓意。绿是最正、最浓的绿。绿的孔雀石，虽然不具备珠宝的光泽，却有种独一无二的高雅气质。

图8-33　孔雀石（彩图130）

一、孔雀石的基本性质

1. 矿物组成
珠宝界使用的孔雀石玉为一种单矿物岩，主要组成矿物为孔雀石（Malachite）。

2. 化学组成
$Cu_2CO_3(OH)_2$，遇盐酸起泡。

3. 晶系及结晶习性
孔雀石为单斜晶系，二轴晶，负光性，单晶体多呈细长柱状、针状，集合体通常为具同心环带状结构的块状，也有呈钟乳状、皮壳状、结核状、葡萄状、肾状的。

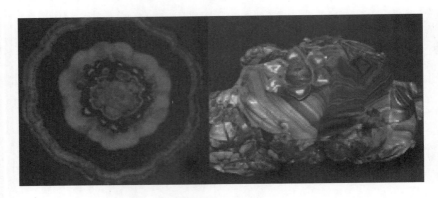

图8-34　孔雀石的结晶习性（彩图131）

4. 光学性质

（1）颜色：呈绿色，有浅绿、艳绿、孔雀绿、深绿和墨绿，以孔雀绿为佳。

（2）光泽及透明度：玻璃光泽，丝绢光泽；半透明，微透明至不透明。

（3）折射率：1.66~1.91。

（4）发光性：紫外线下荧光惰性。

5. 力学性质

（1）断口：集合体具参差状断口。

（2）硬度：3.5~4.0。

（3）相对密度：3.25~4.20，通常3.95。

6. 孔雀石的外观特征

孔雀石具有典型的孔雀绿色、同心环带构造和丝绢光泽的外观，也是典型的鉴定特征。

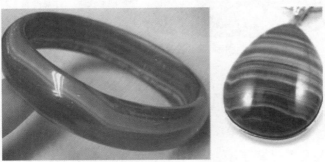

图8-35　孔雀石的外观特征（彩图132）

二、孔雀石的品种

1. 晶体孔雀石

具有一定晶形（如柱状）的透明至半透明的孔雀石，非常罕见。单晶个体小，刻面宝石仅0.5ct，最大也不超过2ct。

2. 块状孔雀石

具块状、葡萄状、同心层状、放射状和带状等多种形态的致密块体，块体大小不等。大者可达上百吨，多用于玉雕和各种首饰玉料。

3. 青孔雀石

又称"杂蓝铜孔雀石"。孔雀石和蓝铜矿紧密结合，构成致密块状，使绿色与深蓝色相映成趣，成为名贵的玉雕材料。

图8-36　青孔雀石（彩图133）

4. 孔雀石猫眼

具有平等排列的纤维状构造的孔雀石，垂直纤维琢磨成弧面型宝石，可呈现猫眼效应。

5. 天然艺术孔雀石

指由大自然"雕塑"而成的，形态奇特的孔雀石。可直接用做盆景和观赏，故又名盆景石和观赏石。

孔雀石是一种含铜碳酸盐的蚀变产物，常作为铜矿的伴生产物。它的硬度是3.5~4，呈不透明的深绿色，且具有色彩浓淡的条状花纹——这种独一无二的美丽是其他任何宝石所没有的，因此几乎没有仿冒品。

三、孔雀石的质量评价

1. 评价依据

孔雀石的质量评价从颜色、花纹、质地三方面进行。

（1）颜色：要求鲜艳，以孔雀绿色为最佳，且花纹要清晰、美观。

（2）质地：要求结构致密，质地细腻，无孔洞，且硬度和相对密度要偏大。

（3）块度：要求越大越好，不过，孔雀石可用首饰、玉雕和图章料，大小均可，且价格随着重量的增加而增加，但增加的幅度不大。

2. 孔雀石的级别

依据颜色、花纹、质地等条件，孔雀石原石可划分出A、B两个等级。

A级：颜色较深，呈翠绿、黑绿及天蓝色，可见条带和同心环带花纹，结构致密，质地细腻，硬度、相对密度较大。

B级：颜色偏淡，呈翠绿色，常见由粉白和翠绿相间构成的环带和条带花纹，其中粉白色质地较软，呈凹沟，整体的硬度较低，且有变化。

四、孔雀石的产地简介

历史上优质孔雀石主要来源于原苏联的乌拉尔，而现代优质孔雀石却主要产自非洲（赞比亚）、津巴布韦、纳米比亚和扎伊尔等。此外，还有中国、美国、澳大利亚、法国、智利、英国和罗马尼亚等国。

中国主要产于广东、湖北、江西、内蒙古、甘肃、西藏和云南等地，其中以广东阳春和湖北大冶铜碌山的孔雀石最有名。

孔雀石矿床常赋存于原生铜矿床或含铜丰度较高的中基性岩（玄武岩、英安岩、闪长岩等）上部氧化带中。

第八节　青金石

青金石是一种比较美丽而稀少的多晶质宝石，世界上以阿富汗巴达什哈产的青金石最为著名，青金石也被智利列为国石。我国自古认为青金石"色相如天"（也称帝青色或宝青色），很受帝王的器重，在古代多被用来制作皇帝的葬器，以其色青，让死者易得循此，以达升天之路。隋代不论是朝珠或朝带都重用青金石，就是朝服顶戴器官，青金石也被列为四品官顶。

由于青金石具有很庄重的深蓝色，除了制作珠宝首饰之处，还用于雕佛像、达摩、瓶、炉、动物等，此外还是重要的画色和染料。著名的敦煌莫高窟，敦煌西千佛洞自北朝到清代壁画，彩塑上都用青金石作颜料。

青金石是由多种矿物组成的宝石，从地质学的原理应该成为青金岩，但是，在历史上人们一直称之为青金石，国家标准也采用青金石这一名称。青金岩颜色典雅、端庄，被古人视为"天色"。在数千年前它就和绿松石一样为人们所渴求。

图8-37　青金石（彩图134）

一、青金石的基本性质

1. 矿物组成

青金石主要矿物组成是青金石，另外还可有方解石、黄铁矿、方钠石、透辉石、云母、角闪石等矿物。

2. 化学成分

主要矿物青金石的化学分子式为：（Na，Ca）$_8$（AlSiO$_4$）$_6$（SO$_4$，Cl，S）$_2$。但因为含有不同程度的次要矿物，因此，化学成分会随之而发生较大变化。

3. 晶系及结晶习性

主要矿物青金石为等轴晶系，单晶为菱形十二面体。青金石一般以粒状矿物矿物集合体。

4. 光学性质

（1）颜色和条痕：蓝色为主，因此次要矿物而呈蓝白斑杂色。条痕为白色和浅蓝色。

（2）透明度及光泽：不透明—微透明，玻璃光泽至树脂光泽。

（3）折射率：点测近似折射率为1.50。

（4）发光性：长波紫外线下其中方解石发褐红色荧光；短波紫外线下可发绿或白色荧光。

4. 力学性质

（1）解理和断口：无解理，锯齿状断口。

（2）硬度：5~6。

（3）相对密度：2.5~2.9，最大可大于4.0。

5. 包裹体

具黄铁矿斑点，白色方解石团块。

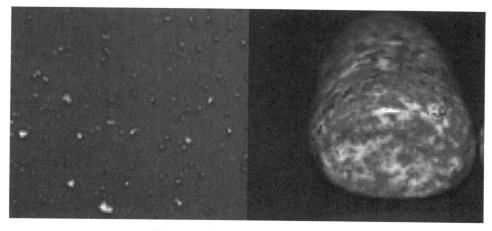

图8-38　黄铁矿斑点（彩图135）

二、品　种

根据矿物成分、色泽、质地等，可将青金石分成如下四种。

1. 青金石

青金石矿物含量大于99%，无黄铁矿，即"青金不带金"。其他杂质极少，质地纯净，呈浓艳、均匀的深蓝色，是优质上品。

2. 青　金

青金石矿物含量为90%~95%或更多一些，含稀疏星点状黄铁矿，即所谓"有青必带金"，并含少量其他杂质，但无白斑，质地较纯，颜色为均匀的深蓝、天蓝，是青金石中的上品。

3. 金格浪

含大量黄铁矿的青金石致密块体。这种玉石抛光后像金龟子的外壳一样金光闪闪，这种玉石由于大量黄铁矿的存在，相对密度可达4以上。

4. 催生石

是不含黄铁矿而混杂较多方解石的青金石品种，其中以方解石为主的称"雪花催生石"；淡蓝色的称"智利催生石"。据说古代这类青金石因能能帮助妇女催生孩子而得名。

图8-39　青金石品种（彩图136）

三、鉴别与评价

1. 鉴　别

青金石以特有的颜色和矿物组合为重要的鉴别特征。青金石呈微透明至不透明，常伴有黄铁矿或方解石，深蓝色的致密块状的青金石在查尔斯镜下变成红色。这些均其与它玉石具有明显的区别。

有一种被称为"瑞士青金石"仿冒品，实际上是染色的碧玉，它与青金石的组成和物理性质存在着较大的区别。

质量低的青金石可通过染色来提高颜色效果，但仔细观察，不难发展染色品种的染色特征，因此，易于鉴别。

2. 评　价

青金石的质量评价主要根据颜色、所含黄铁矿、方解石等的多少来决定。质量最好的青金石应为纯蓝色，且颜色均匀，不含黄铁矿和方解石，并且光泽好，净度高。

四、产状及产地

青金石主要为接触交代矽卡岩型矿床。基于被交代岩石的成分，可进一步分为镁质矽卡岩型和钙质矽卡岩型。

青金石主要产于阿富汗。其他产地有俄罗斯、智利、美国、缅甸等。

第九节　黄龙玉

黄龙玉，又称龙黄石。产自云南省保山市龙陵县小黑山自然保护区的龙江边。是2004年在云南发现的一种新玉种。黄龙玉主色调为黄色，兼有羊脂白、青白、红、黑、灰、绿等色。有"黄如金、红如血、绿如翠、白如冰、乌如墨"之称。具体说：黄的有金黄、蜜黄、蛋黄、鸡油黄、橘黄、枇杷黄等深浅不一的黄色；红的有鸡血红、朱砂红、猪肝红、玫瑰红等浅红色；白的有雪白、冰白等。被云南省观赏石协会名为黄龙玉。主要成分二氧化硅，但和水晶不同并非单晶体，而是类似玉髓和玛瑙的多晶复合体，硬度6.5~7。

黄龙玉主色调为黄色，兼有诸色：羊脂白、青白、红、黑、灰、绿和五彩等色。黄色在中国文化中最为尊贵并具有神秘的色彩，为皇室与宗教专用，中国人一直致力于黄色玉石的发现，几千年来却一无所获以至于田黄石一出世即被封为石帝，为皇家和显贵专宠。

黄龙玉在作为玉石开发之前，只作为观赏石被人收藏和买卖，被人称做"云南黄蜡石"。在公元2000年前后，广西石商在云南龙陵与芒市交界一带的苏帕河中发现了"云南黄蜡石"。因其石质细润，色泽金黄，块型硕大，变化丰富，有很高的观赏价值。遂悄悄采挖后贩卖至广西作为观赏石交易，芒市人开始大量收购，先是山料，后是籽料。2004年初，芒市市场好的山料只要几元钱每千克，但现在已到几千乃至上万元每千克，其涨价速度之快，创下了玉石史上的奇迹。

黄龙玉是玉雕行业中一种新兴美玉。它有和田玉之温润、田黄之色泽、翡翠之硬度（摩氏7度）、寿山石之柔韧。黄龙玉外观，既有翡翠可见的纤维状结构，也有与田黄相似的萝卜纹；其透明度既有令人满意的翡翠的"水头"（其透度可达3~6cm），又有比和田玉更好的"油头"；其玻璃光泽更引人入胜，再加之黄龙玉的主色是黄色和红色，黄色寓意"富贵"，红色寓意"吉祥"。这是一种非常优秀的玉种，既可以把玩原石，也适合雕刻成各种摆件、饰品，深受消费者青睐，成为当今玉石收藏新贵。黄龙玉一路飙升的价格，激发了人们的收藏热度，他们把黄龙玉当成比房地产更保险的投资领域，但对于黄龙玉的文化价值，研究者甚少。不少学者及玩家认为，黄龙玉的品质已臻完美，只可惜其现世时间太短，文化底蕴不足。

黄龙玉的文化确实不如和田玉与翡翠。因它发现的时间不长，文化是要有一定的时间才能形成。但翡翠在中国的早期经历不尽如人意，刚出现时和今天的黄龙玉相似，它用七八十年左右时间变成人人追捧的对象。

第九章　有机宝石

　　有机宝石是指古代和现代由生物的生命活动所产生的符合宝石工艺要求的材料。它包括珍珠、珊瑚、琥珀、象牙、煤精、龟甲等。有机宝石与无机宝石的主要区别在于有机宝石一定与动物和植物活动有关，服从于生物物理学、生物结晶矿物学规律。因而，它们不可能进行人工合成，这与无机物宝石有着本质上的区别。其特点是成分是部分或全部由有机质组成，具有宝石美丽、稀少和耐久的特点。

第一节　珍　珠

一、概　述

　　珍珠是赋存在育珠母蚌中的矿物球粒，是珠宝中唯一不需雕琢，既可在洁白体色上，显示出含蓄、绚丽晕彩的高贵珠宝。在中国古代称真珠。它最初是人类在海河沿岸寻找食物时发现的，距今约二亿年前地球上就有了珍珠。珍珠不同于其他宝石的最大特点就在于它天生完美丽质，无须经任何人工修饰便可直接使用。珍珠也因此成为人类最早利用的宝石之一，也是最重要的有机宝石。

　　珍珠一直备受人们的喜爱。如果说钻石因为它夺目的华贵，坚硬的特质，而被誉为"宝石之王"的话，那么珍珠以纯洁、完美的外观和迷人的色泽，向来被誉为"珠宝皇后"的美称。历史上人们将之视为纯真、完美、尊贵、权威的象征，常被镶于君主的王冠、权杖及各种首饰上。成为达官贵族和平民百姓最喜爱的珠宝品种，当今，英国、日本等王室的女性均拥有珍珠皇冠，在平民女性的眼里，珍珠已是6月份和结婚30周年纪念石。珍珠除用作装饰外，还是一种珍贵的药材，有保健、美容之功效。

图9-1　珍　珠（彩图137）

世界上最好的天然珍珠产在波斯湾地区。天然淡水珍珠主要发现于温暖气候带的一些河流中，如密西西比河、苏格兰及中国的一些河流。

天然珍珠产量极少。即使在曾产珠的海域，每40个蚌中才会找到一个蚌含有珍珠。优质的天然珍珠就更为稀少了。至19世纪20年代末，大量的捕获造成产珠软体动物大为减少，加之波斯湾石油的开发及其他工业引起的污染使天然珍珠产业近于停滞。由于世界范围内天然珍珠资源枯竭，加上科学的进步与巨额利润的刺激，人工养殖业迅速地发展起来。现在的珍珠市场几乎完全依赖于养殖珍珠。广西沿海是我国的海水养殖珍珠基地，而江南是我国淡水养殖珍珠基地。目前我国是仅次于日本的第二大珍珠产国。

二、珍珠基本性质

1. 化学成分

含有机质的文石矿物球粒。成分以碳酸钙（$CaCO_3$）为主（80%~86%），含少量有机质（10%~14%）和水（2%）。海水珍珠矿物组成主要为文石和少量方解石，而淡水珍珠还含有少量球文石。

2. 结构及表面特征

斜方晶系，具有放射状同心环状的珍珠层结构。珍珠层由许多微细的同心薄层组成，薄层之间也有少量介壳质分布。不同类型养殖珍珠的内部结构有所不同。无核养殖珍珠的中心处常可见细小的狭缝，或黄色的斑块。有核养殖珍珠的核与珍珠层界限十分清楚。

3. 物理性质

（1）形状：珍珠可以有多种形状，一般分为圆形、椭圆形、梨形及各种不规则形态。不对称或不规则形态者称为异形珠，主要见于无核珍珠中。俗话说"玉润珠圆"，价值最高的是浑圆的"走盘珠"（指在盘中会滚动不停）。

（2）光泽：珍珠光泽。珍珠表面板状文石晶体的迭覆造成表面反射光与折射进入板体又反射出来的干涉及板体间隙造成的光的衍射，形成了珍珠表面的晕彩和珍珠光泽。板体愈薄，排列愈致密，珍珠光泽就愈强。珍珠的魅力主要体现在其光泽上，优质珍珠表面应具有均匀的强珍珠光泽，并带有彩虹般的晕彩。

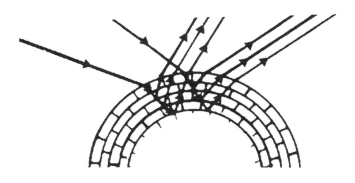

图9-2 珍珠表面板状文石晶体的迭覆对光的干涉

（3）颜色：珍珠的颜色十分丰富。主要有六大类白色、奶油色、粉红色、金黄色、黑色、褐绿色。以白色系列最为常见。其中黑色珍珠是珍珠中的珍品。

（4）透明度：不透明–微透明。

（5）硬度：3.1~4.5。

（6）比重：一般为2.74~2.80；海水养殖珍珠为2.76~2.80；淡水养殖珍珠为2.74。

（7）折射率：1.52~1.68。

（8）发光性：珍珠在长波和短波紫外光下可有明亮的浅蓝白色、浅黄色、粉红色荧光，有时为惰性。天然黑珍珠在长波紫外光下显暗红色荧光。而染色黑珍珠无荧光。

（9）其他：加热燃烧变褐色，表面接触有砂粒感。

4. 化学性质

珍珠易溶于各种酸、丙酮及苯等有机溶剂，也不耐碱。

5. 产　地

天然珍珠产量十分有限，天然海水珍珠则更少，而天然淡水珍珠分布则较广，几乎在有淡水蚌类的地方都有天然珍珠。天然海水珍珠分为：

（1）东方珠—常用于天然珍珠的代名词。主要产于波斯湾海域（沙特阿拉伯以东），是世界最优质的珍珠。每年一度的巴黎珍珠交易市场上，90%以上的优质珍珠来自该区。其特点是在白色、乳白色的体色上，伴有彩色晕彩。

（2）南洋珠主要产于南洋地区，包括缅甸、中国、菲律宾和澳大利亚。其特点是珠粒大，形圆、色白，具有强珍珠光泽。珍珠在我国应用历史悠久，相传2000多年前的战国时期，广西合浦就盛产天然海水珍珠，成为世界著名珍珠产地之一，被称为"珍珠城"。

中国、日本、澳大利亚和南太平洋地区是世界养殖珍珠的主要产地。我国海水养殖珍珠主要产于广东的雷州半岛、广西的合浦与北海、海南的三亚、陵县和詹县。我国的淡水养殖珍珠大约90%产自浙江。此外江苏和湖北也有产出。

三、珍珠的成因及分类

1. 珍珠的成因

形成机理是海水中的细菌或砂粒等微小物质进入产珠母蚌体内，触及到外套膜后，受到了刺激，便分泌出来珍珠质将异物包裹起来，形成近圆形的球形珍珠。

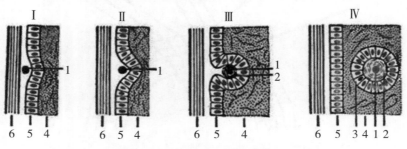

图9-3　天然珍珠形成过程示意图

图9-3为天然珍珠形成过程示意图（据宫内彻夫，1966）。I~IV 珍珠囊和珍珠形成的顺序：①外来物；②珍珠层；③珍珠囊；④外套膜的结缔组织；⑤外套膜的上皮组织；⑥贝壳。

2. 珍珠的分类

（1）根据形成环境可分为：海水珍珠与淡水珍珠。

（2）根据珍珠的成因分：天然珍珠与养殖珍珠。

天然珍珠是指在野生或人工养殖的产珠软体动物体内自然形成的珍珠。主要生长在温带、水深8~15米的浅海水域中。经人工手术在软体动物内养成的珍珠称为养殖珍珠。

（3）根据珍珠的内部结构分：无核养殖珍珠和有核养殖珍珠。

人工养殖珍珠起源于中国，后传入日本，研制出有核养殖珍珠和无核养殖珍珠。有核养殖珍珠——海水养殖，生长在温带的浅海水域中。养殖方法，用育珠母蚌的外套膜制作成一核珠，将其插入育珠母蚌的外套膜内，外套膜受到了刺激，便分泌出来珍珠质将核珠包裹起来，形成近圆形的球形珍珠。有核养殖珍珠的生长期，一般是2~3年，每一育珠母蚌可产1~2粒珍珠。在目前市场上把有核养殖珍珠可当天然珍珠来卖。

无核养殖珍珠——淡水养殖珍珠，由日本人首创，主要在湖泊、池塘中，水深不超过4米的环境中养殖。养殖方法是从育珠母蚌的外套膜切成数毫米的方形外套膜片，将其插入育珠母蚌的外套膜内，外套膜受到了刺激，便分泌出来珍珠质将外套膜片包裹起来，形成中心空的无核珍珠。无核养殖珍珠的生长期，一般是1~3年，每一育珠母蚌可产数十粒珍珠。

（4）根据大小划分为：

珠粒直径 >10mm 大型珍珠；

10mm~8mm 大珠；

8mm~6mm 中珠；

6mm~5mm 小珠；

<5mm　细厘珠；

<2mm　子珍珠。

四、珍珠的鉴别

珍珠具有独特的外观，其珍珠光泽、表面特征和内部结构是它与仿制品的主要区别。

1. 与仿制珍珠的鉴别

（1）形状与大小：珍珠呈不同程度的圆形或不规则形。一串项链中的珍珠大小、颜色、形状很少完全一致，仿珍珠一般圆度极好，大小、颜色和光泽都完全一致。

（2）表面特征：珍珠表面线状纹理，用牙在珍珠表面轻轻地摩擦，会有砂质感。仿制珍珠表面光滑，用牙磨擦会有滑感。使用这种方法要十分小心，尤其对高档品，否则会损害珍珠。镀层的仿制珍珠在强光透射下可见细小斑点。

（3）内部结构：从珍珠孔眼观察可见其同心层状结构，而仿制品没有这种结构。

（4）相对密度：天然珍珠的相对密度为2.73；塑料珠的相对密度很小，1.05~1.55；实心玻璃珠的较高，2.33~3.18；填蜡的玻璃珠的相对密度为1.5，涂层壳珠的相对密度为2.76~2.82。

（5）化学检测：用针尖粘上稀盐酸（浓度为10%）在显微镜下将针尖触及孔眼内部观察有无起泡反应。珍珠有起泡反应，而塑料和玻璃无此现象。

（6）热针测试：用热针触及孔眼内部，塑料会发出辛辣味。

（7）钢针刺探：用钢针刻划不显眼处，在玻璃上会滑开，遇塑料珠会刺入，也能划动珍珠。但化学检测、热针测试和钢针测试都有破坏性，应尽量避免。

2. 天然与养殖、有核与无核、海水与淡水珍珠的鉴别

（1）形状：天然珍珠形状大多都不规则。有核养殖珍珠一般为圆形或有带隆起的尾部，而无核养殖珍珠多为不规则形如椭圆形、梨形、扁圆形等。海水珍珠多为有核珠，而淡水珍珠大多为无核珠。

（2）表面特征：淡水养殖无核珍珠表面常有收缩纹，海水养殖的合浦珍珠表面很少有收缩纹，但常见隆起和局部不平整的褶皱和尾部隆起。

（3）内部特征：用强光（光纤灯或笔式电筒）透射珍珠，边转动边观察。在合适的角度可以观察到有核养珠的珠母小珠的层状结构产生的条纹状图案。珍珠层厚的有核养珠可以不显上述图案。从珠孔观察有核养殖珍珠，可见珍珠层下白色的珠母小珠，二者之间有明显界线。无核养殖珍珠或天然珍珠则显示一系列同心层，层与层之间没有明显界线，珍珠内部是浅黄、浅褐或黑色。

（4）相对密度：用消色较好的三溴甲烷（其相对密度为2.713）可以区分无核与有核珍珠。大部分（约80%）的天然珍珠或无核养殖珍珠在其中浮起，而大部分（约90%）的有核养殖珍珠沉下。

总之，对天然或养殖珍珠的鉴别，应该抓住以下几点：

①看光泽：不同成因的珍珠从表面或内部珍珠层反射的晕彩不尽相同。俗话说的"珠光宝气"，珠光主要是从珍珠的内部细密结构层反射出来，并经过光的衍射产生的特有光泽。

②观察珍珠表层特征：珍珠表面瑕疵多少直接影响到珍珠的美观程度，但没有瑕疵的珍珠很少，每一颗珍珠不同的瑕疵，正好是它不同于其他珍珠的胎记，给真伪的鉴别提供了依据，珍珠表面瑕疵表现为瑕点或环带，当珍珠层之间有异物侵入时，表面便会鼓出一个瑕点。有时需借助10倍放大镜仔细观察，多少总会找到一些环带现象。

③用手摸：伪珠有腻感，珍珠爽手，挂在颈项上有凉快感。

④用牙试或两颗珠子对磨。如前所述，塑料珠一对磨就打滑，而将珍珠沿着牙的尖峰磨擦会有砂感，若是好珠，这种砂感特别均匀，感觉简直好极了，这是因为构成珍珠层的结晶体，排列是有序的，就象房顶板那样凹凸不平，排列整齐，行话叫做叠瓦状排列，故磨擦时会使人感觉好象有砂似的。

五、优化处理珍珠

1. 优化—漂白处理

双氧水常用于去除珍珠表面及浅层的污物、黑斑及黄色色素。将珍珠浸泡其中并辅以紫外线或阳光照射，几天至两周后可将珍珠漂白。若先将珍珠穿孔再浸泡，效果会更好。这种漂白方法不易对珍珠产生损害，被广泛采用。

2. 处理—染色珍珠

一般颜色的珍珠不需要改色，只有黑色珍珠因产量少，价格昂贵，才把浅色珍珠染色成黑珍珠。将珍珠浸入硝酸银和氨水中，然后将珍珠暴露于阳光之下或放入硫化氢气体中还原，便可使金属银粉析出并附于珍珠表面及孔隙中使珍珠呈现黑色。染色的黑珍珠颜色均一，且在钻孔和裂纹的地方聚集的黑色较深，表面颜色为纯黑色。而天然黑珍珠非纯黑色，而是有轻微彩虹样闪光的深蓝、深绿黑色，或带有青铜色调的黑色。染色的黑珍珠其粉末为黑色而黑珍珠其粉末为白色。但取珍珠粉末是一种破坏性试验，操作时要十分小心，尤其不能在没有钻孔的黑珍珠上任意刻取。

3. 剥 皮

剥皮是一种修补珍珠的方法。即用一种极精细的工具小心地剥掉珍珠表面不美观的表层，以在其下找到一个更好的层作表面。此项技术难度大，一般由专门的技术人员来完成。如果此技术应用得好，可使一个近于退色、失去光泽的天然黑珍珠重现美丽色泽，但若应用不当则可能毁掉整个珍珠。

六、珍珠的评价

珍珠的主要依据形态、大小、光泽、颜色、光洁度及匹配性来加以评价。

1. 形 态

正圆珠是最优的形态，其次为圆形珠。一般珍珠越圆，其价值越高。但异形珠若巧妙构思后，也可大大提高其价值。我国新颁布的珍珠分级标准中，根据其直径差百分比划分珍珠形状的级别。直径差百分比，即其最长径与最短径之差与平均直径之百分比。

2. 大 小

在珍珠贸易中常用的质量单位是珍珠格令，1珍珠格令=0.25克拉。珍珠的大小对价格起到很重要的作用，同一等级的珍珠，直径越大，价值越高。

3. 光 泽

珍珠的魅力主要体现在其光泽上，优质珍珠表面应具有均匀的强珍珠光泽，并带有彩虹般的晕彩。珍珠光泽的强弱主要取决于珠层的厚度，珠层越厚光泽越强。根据国家标准，珍珠光泽划分为极强、强、中、弱四级，但海水珍珠的标准要求更高。

4. 颜 色

珍珠的颜色十分丰富。其体色主要有六大类：白色、奶油色、粉红色、金黄色、黑色、褐绿色。以白色系列最为常见。伴色主要有玫瑰色、绿色、银白色、古铜色、蓝色，其中粉红色和玫瑰色伴色可增加珍珠的价格，银白色伴色对价格无影响，绿色伴色则会降低珍珠的价格。白色珍珠带有粉红色伴色者尤为珍贵。黄色珍珠价值较低，但金黄色珍珠则是极其珍贵的。不同的地区、不同肤色的人对珍珠的颜色有各自的偏爱。晕彩越明显，珍珠的价值越高。

5. 光洁度

珍珠表面的光洁度直接影响到珍珠的价值。珍珠表面常见的瑕疵有：不规则的隆起、纹痕、黑点、暗点（无光泽的小块）、缺口、裂纹、沟槽。我国的珍珠标准将珍珠的光洁度分为无瑕，微瑕，小瑕，瑕疵及重瑕五级。

6. 珍珠的匹配性

匹配性是针对珍珠耳饰、项链等首饰而言的，它的评价涉及上述各因素。对于等差串珠，还须从其珍珠大小的渐变程度和对称性来评价其匹配性。

珍珠和其他宝石一样，往往存在瑕疵，瑕疵越少，珍珠的品质越佳。珍珠的表面瑕疵有隆起、线纹、污点、缺口、剥落、裂纹、划痕等。其中破口和珍珠层剥落对珍珠质量的影响最严重。瑕疵出现在比较隐蔽的位置时对珍珠质量的影响较小。

图9-4　珍　珠（彩图138）

第二节　珊　瑚

珊瑚是生活在浅海水域中的腔肠动物，它可以是单体也可是群体。是一种十分美丽的动物。它固着在海底生活，外形像树枝，故又称"石花"。它的骨骼五彩缤纷，千姿百态，略加修饰就是件高雅的装饰品。其中用作宝石用的主要是红珊瑚所分泌的骨骼。红珊瑚的骨骼呈红色，十分艳丽，它是古今中外人人喜爱的宝石之一。古罗马人常把珊瑚挂在小孩的脖子上，祈求神灵保护孩子不出危险。我国清朝，选用珊瑚珠顶做官阶的标志。藏传佛教用珊瑚制作佛珠。现代女性选用珊瑚做饰品。

图9-5　红珊瑚（彩图139）

一、珊瑚的基本性质

1. 化学成分

主要由无机成分、有机成分和水组成，各种成分的大致比例为：$CaCO_3$ 92%~95%；$MgCO_3$ 2%~3%；有机质1.5%~4%；水0.55%。红珊瑚的$CaCO_3$以方解石形式存在，而白珊瑚的$CaCO_3$以文石形式存在。

2. 结构和形态

珊瑚主要由隐晶质方解石组成，形态奇特，多呈树枝状、星状、蜂窝状等。由纵向管状通道产生的精细脊状结构经沿分枝纵向延伸的细波纹形式出现。抛磨后它们呈暗亮相间的平行线。在横截面上呈同心圆状构造。

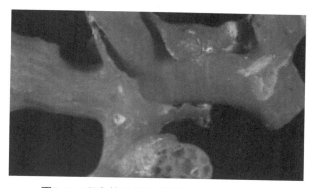

图9-6　珊瑚的平行条带及孔洞（彩图140）

3. 物理性质

（1）颜色：碳酸盐质珊瑚以深红色、桃红色、白色为主。介壳质为黑色、金黄色。

（2）光泽：蜡状光泽，油脂光泽，不平坦状断口。

（3）硬度：碳酸盐质珊瑚3.5，介壳质珊瑚为2.5~3。

（4）折射率：碳酸盐质珊瑚1.48，介壳质珊瑚为1.56。

（5）透明度：微透明至不透明。

（6）其他：碳酸盐质珊瑚遇酸起泡，但介壳质珊瑚遇酸不起泡。

二、品 种

品种主要按化学成分可分:

1.造礁珊瑚(白珊瑚)

生活在水深不超过100米的温暖浅海,因质地疏松,不能加工成珠宝,为白、灰白、乳白等色,只能作为观赏石。

2.贵珊瑚(红珊瑚)

生活在深海,因色泽红润,体态多姿,质地细腻,通常呈浅至暗色调的红至橙红色,有时呈肉红色,可制作出精美首饰。

三、珊瑚与仿制品的区别

表9-1   红珊瑚与其仿造品鉴别表

名称	颜色	透明度	光泽	折射率	密度	摩氏硬度	其他特征
红珊瑚	血红色、红色、粉红色、橙红色	不透明到半透明	油脂光泽	1.48~1.65	2.7±0.05	4.2	具平行条纹、同心圈层及白心结构,颜色不均,有虫穴凹坑,遇酸起泡
吉尔森珊瑚	红色颜色变化大	不透明	蜡状光泽	1.48~1.65	2.44	3.5~4	颜色分布均匀,具微细粒结构,遇酸起泡
染色骨制品	红色	不透明	蜡状光泽	1.54	1.7-1.95	2.5±0.2	颜色表里不一,摩擦部位色浅,片状特性,具骨髓、鬃眼等特征,不与酸反应
染色大理石	红色	不透明	玻璃光泽	1.48~1.65	2.7±0.05	3	具红色粒状结构,无色带结构遇酸起泡,并使溶液染上颜色
红色塑料	红色	透明到不透明	蜡状光泽	1.49~1.67	1.4	<3	用热针接触有辛辣味,铸模痕迹明显,常有气泡包体,不与酸反应
红色玻璃	红色	透明到不透明	玻璃光泽	1.63	3.69	5.5	常有气泡包体,不与酸反应
处理珊瑚	红色	不透明	蜡状光泽	1.48~1.65	2.7±0.05	4.2	用蘸有丙酮的棉签擦拭可使棉签着色,遇盐酸起泡

四、珊瑚的优化处理及鉴别

1.珊瑚的鉴别

(1)颜色:色泽红润,纵截面上珊瑚表现为颜色和透明度稍有差异平行条纹。在

横截面上呈放射状同心圆状构造

（2）质地细腻，为蜡状光泽。

（3）凉感，略重；在珊瑚枝状的玉雕工艺品上有洞穴；遇稀盐酸起气泡。

2．染色珊瑚的鉴别

常被染成红色、桃红色等。放大观察可见方解石颗粒间、裂隙内等处颜色深，或用蘸有丙酮的棉签擦试。

3．充填处理

用环氧树脂或似胶物质充填多孔质的珊瑚，可用热针、密度、红外光谱等检查。

4．压制珊瑚

将珊瑚粉碎后粘结。这种压制珊瑚典型鉴定特征是不具有珊瑚的典型结构，另外还可以利用红外光谱仪等鉴别粘结剂的存在与否。

五、珊瑚的质量评价

1．颜　色

颜色是影响珊瑚质量最重要的因素，以红色为最佳，红色珊瑚的质量排列顺序依次为纯正鲜红色、红色、暗红色、玫瑰红色、橙红色。

2．块　度

要求大而完整，越大越好，大者能做雕件，小的只能做首饰。

3．质　地

质地致密坚硬、无瑕疵者为佳，有虫蛀孔、有裂隙者价值较低。

4．做　工

包括造型的艺术构思和雕刻工艺的精细程度。

六、珊瑚的产地

月珊瑚多产于岩岸和沙岸的交接处，主要是日本、中国台湾东岸、琉球、澎湖及南沙群岛。水深约100~200米的海床上盛产白珊瑚。而台湾则是当代红珊瑚最重要的产地，占世界总产量的60%，红珊瑚约在水深100~200米的海床上呈群体产出。

第三节　琥　珀

琥珀是一种天然植物树脂，是由古代的地质作用所形成的，时间在50万~500万年。是针叶树木的分泌物（树脂、松脂）经过石化作用的产物，也称为"树脂化石"或"松脂化石"。琥珀色泽含蓄、质地温润，具有无比的亲和力，触摸它给人以安详恬静的心灵感受。琥珀质轻、透明、气味芳香，古罗马人作为玩物，在欧洲是人们喜爱的宝石品种。

可能是公园前一世纪的由罗马不列颠人制成

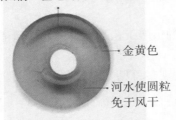

— 金黄色

— 河水使圆粒
免于风干

在河流淤泥中发现的罗马式圆粒

图9-7　琥　珀（彩图141）

一、琥珀的基本性质

1. 化学成分

是 C、H、O组成的有机化合物，主要成分为琥珀脂酸、琥珀松香酸，另含量琥珀油、H_2S等。化学分子式是$C_{10}H_{16}O$。

2. 结构和形态

为非晶质体，常呈结核状、瘤状、水滴状，产于煤层及其他沉积岩层中。

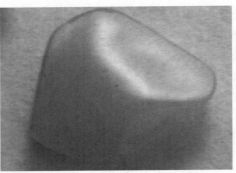

图9-8　琥珀的外形（彩图142）

3. 物理性质

（1）颜色：黄色色调，有蜜黄色、黄棕色—棕色，老化后呈褐红色。

（2）光泽：具典型的树脂光泽，贝壳状断口。

（3）硬度：2~2.5，韧性较差，外力撞击时容易发生碎裂。

（4）折射率：1.54。

（5）透明度：透明—半透明。

（6）比重：为1.08左右，在饱和盐水中可以悬浮，是已知宝石中最轻的品种。

（7）导热性：差，是很好的绝缘体，摩擦带电现象明显。琥珀导热性差，用嘴唇触之有温感。

（8）易燃性：易燃，加热至150℃时开始软化分解，250℃时发生熔融，产生白色蒸气，并发出松香味。

（9）内含物：见有流动的旋涡和气泡和昆虫、植物。在阳光下曝晒或置于过分干燥的环境中，琥珀表面会因脱水而产生裂隙。

图9-9 动物包体和气泡（彩图143）

琥珀饰物
这种中国式的耳环被加工成熊猫形状。表面的裂缝因脱水所致。

图9-10 老化琥珀（彩图144）

二、品 种

目前琥珀主要按颜色和所具有的特征分为以下几个品种。

（1）血珀：色红如血的琥珀，透明，为琥珀的上品。

（2）金珀：金黄色、明黄色的琥珀，透明，属名贵品种之一。

（3）琥珀：淡红色、黄红色，透明。

（4）蜜蜡：金黄色，棕黄色，蜜黄色，半透明，有蜡状感。

（5）香珀：具有香味的琥珀。

（6）虫珀：具有动物、植物遗体包裹体的琥珀。

三、琥珀的肉眼识别

（1）颜色：均为黄色色调，有蜜黄色、黄棕色—棕色，老化后呈褐红色。

（2）内含物：见有流动的旋涡和气泡和昆虫、植物。

（3）摩擦带电现象明显。

（4）质轻：比重为1.08左右，在饱和盐水中可以悬浮。

（5）芳香味：用热针触及琥珀时发出芳香的气味。

四、优化处理及鉴别

（1）澄清处理：当琥珀含大量气泡时，透明度低，可通过放在植物油中加热消除气泡，从而提高透明度。经这种处理的琥珀气泡少，但可见"太阳光芒"。

（2）染色：琥珀长期暴露于空气中会变或暗红、红褐色。为了模仿这种陈年老货，常将琥珀染成红褐色。

（3）压制：将琥珀小碎块加热至200~230℃、$2.5 \times 10^6 Pa$下，可将其粘结在一起。识别的办法可通过包体、荧光、密度、耐腐蚀性等办法区别于天然品。

五、天然琥珀和仿制琥珀的区别

与琥珀相似的宝石主要有：硬树脂、松香、塑料类、玻璃和玉髓等，其鉴别特征。

表9-2　　　　　　　　　　琥珀与相似宝石和仿制品的鉴别特征

品　种	折射率	比重	硬度	其他特征
琥　珀	1.54	1.08	2.5	缺口，含动植物包裹体，燃烧具芳香味
硬树脂	1.54	1.08	2.5	遇乙醚软化
柯巴树脂	1.54	1.06	2	缺口
松　香	1.54	1.06	<2.5	燃烧具芳香味
玻　璃	变化大	2.20	4.5~5.5	不可切，气泡、旋纹
玉　髓	1.54	2.60	6.5	不可切
塑　料	1.55	1.32		可切，流动构造，燃烧具辛辣味

六、琥珀的产地

产地众多，主要有欧洲波罗的海沿岸的波兰、德国、丹麦、俄罗斯等国家，国际市场销售的琥珀80%产于波罗的海地区。其中俄罗斯的萨姆兰是世界上最大的琥珀矿。

中国的琥珀主要产自辽宁抚顺，且有大量优质虫珀产出。其他产地有：河南西峡、南阳，云南保山、丽江、永平，福建漳浦等。

第四节　象　牙

象牙是一种珍贵的有机宝石，它具有纯白洁净、温润柔和的美感，这是任何其他宝石所不能比拟的。象牙不仅可作牙雕精品，首饰工艺品，实用工艺品，而且还是一种名贵的中药，它对镇静安神，收敛消炎，止血有一定功效。象牙作为饰品由来已久，长期大量使用的结果，促进捕象业的发展，使大象濒于灭绝。为了保护这种珍奇动物，维护地球的生态系统，今天已有许多国家禁止进行象牙贸易。象牙是指大象两根弯曲的长牙，而不是指大象的所有牙齿。

一、象牙的基本性质

1.化学成分
磷酸钙，有机质。

2.结　构
横切面、圆形、近圆形。有特征旋转引擎纹Retzium纹。纵向逐渐由粗变尖，纵切面为平行波状线。

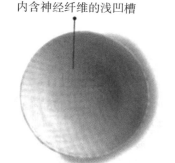

内含神经纤维的浅凹槽

象牙杯

往下朝这只杯子里面看，可见
象牙独有的十字形弯曲图案。

图9-11　象牙的结构（彩图145）

3. 硬　度
2.5，具有极好的韧性。

4. 比　重
1.70~1.85，断口呈裂片状、参差状。

5. 光　泽
蜡状、油脂状光泽。

6. 透明度
微透明—不透明。

7. 颜　色
乳白、白、黄白、瓷白等。

8. 发光性
在长短波紫外线下发弱至强的白蓝色至蓝紫色荧光。

9. 其他重要特征
（1）可溶性：酸中浸泡会软化分解。
（2）热效应：遇热收缩。

二、品　种

象牙有广义和狭义两种，狭义的象牙专指大象的长牙和牙齿，有非洲象牙和亚洲象牙之分；而广义的象牙是指包括象牙在内的某些哺乳动物。如河马、海象、一角鲸等。

1. 非洲象牙
指非洲公象的长牙和小牙，颜色白色、绿色等，质地细腻，截面上带有细纹理。

2. 亚洲象牙
指亚洲公象的长牙，颜色多为纯白色，少见淡玫瑰白色，但质地较松散柔软，容易变黄。

三、鉴别和评价

1. 鉴 别

象牙的鉴别主要在于：

（1）相似牙类制品的区别。与象牙相似的品种主要有海象牙、河马牙、一角鲸牙、抹香鲸牙等。可通过结构观察、测试密度等加以鉴别。象牙在横截面上，象牙的"Retzium"纹理线呈十字交叉状或旋转引擎状纹理，纵截面上呈行波纹线。在海象牙中可见到较平缓的波纹状起伏，横截面上常见次级牙质核，结构粗糙；河马牙横截面上显示排列密集约呈波纹状的细同心线，结构较象牙致密、细腻。

（2）仿制品的鉴别：象牙的仿制品主要有：骨制品、植物象牙、塑料。这些仿制没有象牙特有的旋转引擎状纹理，密度也存在差别，较易鉴别。

2. 评 价

象牙的质量评价可以从颜色、质量、质地、和透明度几方面进行。以颜色罕见或者是纯白色、半透明、质地致密、坚韧、纹理线细而质量大者为优质品，而颜色发黄、块体小，结构疏松的象牙，价值较低。

四、象牙的优化处理

1. 漂白处理

是将日久变黄或是本身带有黄色调的象牙，浸泡于双氧水等氧化性溶液中，以去除黄色，达到提高象牙档次和价值的目的。漂白是大多数象牙必做的优化处理。

2. 染色处理

染色是将颜色不理想的象牙浸于所需的各种染色剂中，以得到所需的颜色。

五、主要产地

主要产于非洲坦桑尼亚、塞内加尔、加蓬、埃塞俄比亚等国；亚洲的泰国、缅甸、和斯里兰卡等国。

第五节　龟　甲

一、龟甲的基本性质

龟甲是海龟的壳，狭义的龟甲常指玳瑁龟的壳。

1. 化学组成

主要由角质和骨质等有机质组成。

2. 颜色和结构

一般为白底黑斑或黄底暗褐色斑。色斑多呈褐、黄、黄褐及黑色。在放大观察下可见许多圆形色素点堆聚组成了边界不规则的色斑。色素点愈密集，则色斑颜色愈深。

图9-12 龟 甲（彩图146）

3. 光 泽

蜡状至油脂光泽。

4. 透明度

微透明至半透明。

5. 硬 度

2.5。

6. 比 重

1.29。

7. 折射率

1.55。

8. 荧 光

紫外光下较透明的黄色基底常发蓝白色荧光，而黑色、褐黑色斑块无荧光。

9. 热针测试

有烧头发的焦味。

10. 其 他

龟甲具热塑性。龟甲在受热时分泌出一种黏膜，所以在一定温度和压力下可以将龟甲碎片粘结成大块材料，龟甲具可切性，易于加工和雕刻。龟甲会被硝酸腐蚀，但遇盐酸无反应。

二、龟甲与仿制品的鉴别

龟甲的鉴别的关键在于与仿制品的鉴别。龟甲的仿制品主要是塑料，其鉴别特征如下：

（1）显微特征：龟甲的色斑是由许多球状颗粒组成的，而塑料的颜色是呈条带状的，色带间有明显的界线，且有铸模的痕迹。

（2）龟甲的折射率一般大于塑料，而密度小于塑料。

（3）热针探测：龟甲具头发烧焦的味道，而塑料具辛辣味。

三、重要产地

龟甲主要栖息在热带和亚热带，主要产地有印度洋、太平洋和加勒比海。中国海南省也产优质的龟甲。

第六节 煤 精

一、煤精的基本性质

煤精是褐煤的一个变种。是由树木埋置于地下转变而来。

1. 化学成分

主要化学成分是C，并含有氢和微量矿物质。

2. 结构及形态

非晶质，常见集合体为致密块状，无固定形态。

3. 光学性质

（1）颜色：黑色、褐黑色，条痕为褐色。

（2）透明度和光泽：不透明，明亮的树脂光泽。

（3）折射率：1.66。

（4）条痕：褐色。

4. 力学性质

（1）断口：贝壳状。

（2）硬度：2~4。

（3）密度：1.32 g/cm^3。比重：1.32。

5. 其他性质

（1）电学性质：用力磨擦可带电。

（2）热效应：可燃烧。

（3）可溶性：酸可使其表面变暗。

图9-13 煤 精（彩图147）

二、鉴别和评价

1. 鉴　别

关键在于与相似宝石（包括仿制品）的区别，主要的相似宝石和仿制品有：黑玉髓、黑曜岩、黑色石榴子石等，鉴别特征（见表9-3）。

表9-3　　　　　　　　　　煤精与相似宝石和仿制品的鉴别特征

品　种	折射率	比　重	硬　度	其他特征
煤　精	1.66	1.32	2~4	缺口，热针探测具煤烟味；粉末褐色，不污手；性脆、但可切、温
黑玉髓	1.54	2.60	6.5~7	不可切、性脆温、贝壳状断口
黑曜岩	1.50	2.40	5~5.5	脆、凉、贝壳状断口
黑色石榴石	1.87	3.83	7.0	贝壳状断口
玻　璃	变化大	2.20	4.5~5.5	不可切，气泡、旋纹

2. 评　价

煤精质量可从颜色、光泽、质量、瑕疵、块度等方面综合评价。颜色越黑质量越高，光泽越明亮越好，质地越致密越好，块度越大越好。

三、产　地

世界优质的煤精主要产于英国的约克郡费特比附近沿岸地区。法国的朗格多克以及西班牙的阿拉贡、加利西亚、阿斯图里亚，美国科罗拉多州、犹他州，德国符泰堡，加拿大斯科舍省皮图县，意大利，捷克和斯洛伐克，俄罗斯，泰国等。中国的煤玉产地主要是辽宁抚顺，其次为内蒙古鄂尔多斯、山西浑源、大同、山东枣庄等。

第十章　宝玉石的合成与优化处理

第一节　概　述

随着科学技术的发展，人民生活水平不断提高，人类对宝石的需求也逐渐增加。然而天然宝石材料的资源毕竟是有限的，而人工宝石材料能够大批量生产，且价格低廉，故人工宝石材料在市场上占有较大的份额。随着科学技术的发展，人工宝石材料的品种日益繁多，合成宝石的特性也越来越接近天然品种。宝石学家不断面临鉴别新的人造宝石材料的挑战。

人工制造宝石的历史可追溯到1500年埃及人用玻璃模仿祖母绿、青金石和绿松石等。人工合成宝石始于18世纪中期和19世纪，在1890年，助熔剂法合成红宝石获得成功；1900年助熔剂法合成祖母绿成功。从此，宝石合成业飞速地发展起来。合成尖晶石、蓝宝石、金红石、钛酸锶等逐渐面市。1953年合成工业级钻石、1960年水热法合成祖母绿及1970年宝石级合成钻石也相继获得成功。

我国的人工宝石材料的生产起步较晚。上世纪50年代末，为了发展我国的精密仪器仪表工业，从原苏联引进了焰熔法合成刚玉的设备和技术，上世纪60年代投产后，主要用于手表轴承材料的生产。后来发展到有20多家焰熔法合成宝石的工厂，能生长出各种品种的刚玉宝石、尖晶石、金红石和钛酸锶等。

我国进行水热法生长水晶的研究工作，始于1958年。目前几乎全国各省都建立了合成水晶厂。我国的彩色石英从1992年开始生产，现在市场上能见到的各种颜色品种的合成石英。

1. 合成宝石

完全或部分由人工制造且自然界有已知对应物的晶质体或非晶质体，其物理性质、化学成分和晶体结构与所对应的天然珠宝玉石基本相同。例：合成红宝石、合成祖母绿、合成钻石。

2. 人造宝石

由人工制造且自然界无已知对应物的晶质或非晶质体称为人造宝石。例：玻璃、塑料、人造钇铝榴石、合成立方氧化锆等。

3. 人工宝石

合成宝石和人造宝石的统称。

4. 再造宝石

是通过熔化、粘合或熔合等方法将天然宝石材料制成大块的人造宝石材料。如再造绿松石、再造琥珀。

5.仿制宝石

完全或者部分由人工生产的材料，它们模仿天然宝石或者人造宝石的 颜色和外观，但不具有所仿宝石的化学成分、物理性质以及晶体结构，如玻璃和塑料做成的仿制品。

目前，市场上常见的合成宝石有：合成红宝石、合成蓝宝石、合成星光红宝石、合成星光蓝宝石、合成祖母绿、合成钻石、合成尖晶石和合成水晶等。其命名时在宝石名称前面加上"合成"二字，与天然相区别。

第二节　主要合成方法

目前，合成宝石的常用方法有焰熔法、提拉法、冷坩埚法、助熔剂法和水热法等几种方法。

一、焰熔法（维尔纳叶法）

最早是1885年由弗雷米（E. Fremy）利用氢氧火焰熔化天然的红宝石粉末与重铬酸钾而制成了当时轰动一时的"日内瓦红宝石"。后来于1902年弗雷米的助手法国的化学家维尔纳叶改进并发展这一技术使之能进行商业化生产。因此，这种方法又被称为维尔纳叶法。

（一）基本原理

是从熔体中生长单晶体的方法。其原料的粉末在通过高温的氢氧火焰后熔化，熔滴在下落过程中冷却并在籽晶棒上固结逐渐生长形成晶体。

此过程是在维尔纳叶炉中进行的，可以生产各种品种的刚玉、尖晶石、金红石、钛酸锶等宝石晶体。此法生产晶体的速度快。获得的晶体常含有气泡和弯曲生长纹。

特点：成本低、设备简单；合成速度快，晶体大，1cm/小时。

（二）合成装置与条件、过程

焰熔法合成装置由供料系统、燃烧系统和生长系统组成，合成过程是在维尔纳叶炉中进行的。

1.供料系统

（1）原料：成分因合成品的不同而变化。原料的粉末经过充分拌匀，放入料筒。

（2）料筒（筛状底）：圆筒，用来装原料，底部有筛孔；料筒中部贯通有一根震动装置使粉末少量、等量、周期性地自动释放。

（3）震荡器：使料筒不断抖动，以便原料的粉末能从筛孔中释放出来。 如果合成红宝石，则需要 Al_2O_3 和 Cr_2O_3，三氧化二铝可由铝铵矾加热获得；致色剂为 Cr_2O_3 $1\%\sim3\%$。

2. 燃烧系统

氧气管：从料筒一侧释放，与原料粉末一同下降；

氢气管：在火焰上方喷嘴处与氧气混合燃烧。通过控制管内流量来控制氢氧比例，$O_2：H_2＝1：3$；氢氧燃烧温度为2500℃，Al_2O_3粉末的熔点2050℃；

冷却套：吹管至喷嘴处有一冷却水套，使氢气和氧气处于正常供气状态，保证火焰以上的氧管不被熔化。

3. 生长系统

落下的粉末经过氢氧火焰熔融，并落在旋转平台上的籽晶棒上，逐渐长成一个晶棒（梨晶）。水套下为一耐火砖围砌的保温炉，保持燃烧温度及晶体生长温度，近上部有一个观察孔，可了解晶体生长情况。耐火砖：保证熔滴温度缓慢下降，以便结晶生长。

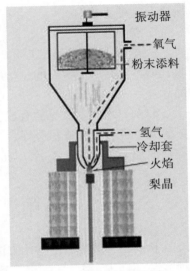

图10-1　维尔纳叶法装置

旋转平台：安置籽晶棒，边旋转、边下降；落下的熔滴与籽晶棒接触称为接晶；接晶后通过控制旋转平台扩大晶种的生长直径，称为扩肩；然后，旋转平台以均匀的速度边旋转边下降，使晶体得以等径生长。

梨晶：长出的晶体形态类似梨形，故称为梨晶。梨晶大小通常为长23cm，直径2.5~5cm。

生长速度：1cm/h，一般6小时完成即可完成生长。

因为生长速度快，内应力很大，停止生长后，应该轻轻敲击，让它沿纵向裂开成两半以释放内应力，避免以后产生裂隙。

特点：生长速度快、设备简单、产量大、便于商业化。世界上每年用此法合成的宝石大于10亿克拉。但用此方法合成的宝石晶体缺陷多、容易识别。

（三）合成品种

1. 合成刚玉

（1）合成红宝石：Al_2O_3粉末加入致色元素 Cr_2O_3 1%~3%；

（2）合成蓝宝石：加入致色元素TiO_2和FeO，但Ti和Fe的逸散作用，使合成蓝宝石常常有无色核心和蓝色表皮，颜色分布不均匀；

（3）星光刚玉：如需要合成星光刚玉，则需要在上述原料中再添加0.1%~0.3%的TiO_2，这样长成的梨晶中，TiO_2呈固熔体分布于刚玉晶格中，并没有以金红石的针状矿物相析出。必须在1300度恒温24小时，让金红石针沿六方柱柱面方向出溶，才能产生星光效应。

2. 合成尖晶石

市场上所见到的合成尖晶石几乎全是由焰熔法生产，但也可用助熔剂法生产。

原料：红色：$MgO：Al_2O_3＝1：1$，致色元素Cr；由此合成的红色尖晶石性脆，所以市场上少见。

蓝色：MgO∶Al_2O_3 =1∶1.5~3.5，致色元素Co。

（四）焰熔法合成宝石的鉴定

1. 原始晶形

晶形都是梨形。而天然宝石的晶体形态为一定的几何多面体。市场上也出现过将焰熔法合成的梨晶破碎，甚至经过滚筒磨成毛料，来仿称天然原料销售。

2. 包裹体和色带

合成红、蓝宝石中常可见气泡和未熔粉末。气泡一般小而圆，或似蝌蚪状，可单独或成群出现；合成尖晶石中气泡和未熔粉末较少出现，偶尔出现的气泡多为异形。

3. 弯曲生长纹

红宝石中常见低反差的弧形生长纹，类似唱片纹；蓝宝石的弯曲生长纹较粗而不连续；黄色蓝宝石很少含有气泡，也难见到生长纹。天然红宝石和蓝宝石都显示直或角状或六方色带。合成尖晶石很少显示色带。

4. 吸收光谱

合成蓝宝石的光谱见不到天然蓝宝石通常可以见到的蓝区的吸收，或450nm的吸收带十分模糊。合成蓝色尖晶石显示典型的钴谱（分别位于540nm、580nm、635nm的三条吸收带），天然蓝色尖晶石显示的是蓝区的吸收带，为铁谱。

5. 荧　光

合成蓝宝石有时显示蓝白色或绿白色荧光，天然的为惰性；合成蓝色尖晶石为强的红色荧光，而天然的也为惰性。合成红宝石通常比天然红宝石的红色荧光明显强。

6. 合成红、蓝宝石的加工质量

天然合成红、蓝宝石的加工质量通常较为精细，其台面通常垂直光轴，以显示最好的颜色。而合成红、蓝宝石加工质量通常较差，不会精确定向加工。所以合成刚玉在台面通常都可见多色性，而天然的则不然。

表10-1　　　　　　　　焰熔法合成尖晶石与天然尖晶石的区别

	合成尖晶石	天然尖晶石
内含物	包体少，偶有气泡，形态狭长或异形；色带少见，仅见于红色尖晶石中	气液包体常见晶体包体；尤其是八面体形色带少见
折射率	1.727	1.714~1.718
相对密度	3.63	3.60
吸收光谱	蓝色者：Co谱，540，580和635nm处有吸收带 红色：红区只有一条荧光光谱线 浅黄绿色：445nm，422nm线	蓝色者：Fe谱，蓝区458nm有吸收带 红色者：红区5条—管风琴状荧光谱线（交叉滤色镜下观察）
紫外荧光和滤色镜	无色者：SW下强蓝白色 蓝色者：SW：红色或蓝白色，滤色镜下变红 红色：红色荧光，滤色镜下变红	无色：惰性 蓝色：惰性，滤色镜下不变红 红色：红色荧光，滤色镜下变红

二、助熔剂法

助熔剂法又称熔剂法，它是在高温下从熔融盐熔剂中生长晶体的一种方法。用助熔剂生长的晶体类型很多，如用助熔剂法合成红宝石和祖母绿。

（一）助熔剂法的基本原理

是将组成宝石的原料在高温下溶解于低熔点的助熔剂中，使之形成饱和溶液，然后通过缓慢降温或在恒定温度下蒸发熔剂等方法，使熔融液处于过饱和状态，从而使宝石晶体析出生长的方法。

助熔剂的选择是助熔剂法生长宝石晶体的关键，它不仅能帮助降低原料的熔点，还直接影响到晶体的结晶习性、质量与生长工艺。

常采用的助熔剂：硼、钡、铋、铅、钼、钨、锂、钾、钠的氧化物或氟化物。

（二）助熔剂法合成过程

原料：合成祖母绿所使用的原料是纯净的绿柱石粉或形成祖母绿单晶所需的纯氧化物，成分为BeO、SiO_2、Al_2O_3及微量的Cr_2O_3。

助熔剂：目前多采用锂钼酸盐和五氧化二钒混合助熔剂。

设备为高温铂坩埚

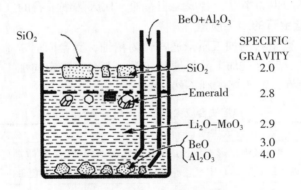

图10-2　助熔剂法合成祖母绿的装置图

首先在铂坩埚中放入晶体原料和助熔剂，并将坩埚放入高温电阻炉中加热，待原料和助熔剂开始熔化后，使所有原料完全熔化。然后缓慢降温，形成过饱和溶液。当溶液浓度达到过饱和时，便有祖母绿形成于铂栅下面悬浮祖母绿晶种上。

生长速度大约为每月0.33mm。在12个月内可长出2cm的晶体。

助熔剂法合成红宝石，原料：Al_2O_3和少量的Cr_2O_3；助熔剂：$PbO-B_2O_3$或PbF_2-PbO。

助熔剂法与其他生长晶体的方法相比，有着许多突出的优点：

（1）适用性很强，几乎对所有的材料，都能够找到一些适当的助熔剂，从中将其单晶生长出来。

（2）生长温度低，许多难熔的化合物可长出完整的单晶，并且可以避免高熔点化合物所需的高温加热设备、耐高温的坩埚和高的能源消耗等问题。

（3）对于有挥发性组分并在熔点附近会发生分解的晶体，无法直接从其熔融体中生长出完整的单晶体。

（4）助熔剂法生长晶体的质量比其他方法生长出的晶体质量好。

（5）助熔剂法生长晶体的设备简单，是一种很方便的晶体生长技术。

助熔剂法存在着一定的缺点，归纳起来有以下四点：

（1）生长速度慢，生长周期长。

（2）晶体尺寸较小。

（3）坩埚和助熔剂对合成晶体有污染。

（4）许多助熔剂具有不同程度的毒性，其挥发物常腐蚀或污染炉体和环境。

（三）助熔剂法生长宝石的鉴别

助熔剂法生长宝石晶体的特征与天然宝石非常相似，特别是宝石晶体生长过程中或多或少存在着包裹体、生长条纹、位错和替代性杂质等缺陷，有效地模仿了天然宝石中各种宝石的内含物，晶体的包裹体对晶体的质量也有很大的影响。晶体的主要特征如下：

1. 助熔剂残余包体

助熔剂包体的形成与晶体的非稳定生长有关，助熔剂被生长中的晶体包裹，当助熔剂由液相转化为固相时，发生体积收缩，形成气—固两相包体。

2. 结晶物质包体

助熔剂中有可能形成其他的晶相，如果被包裹在晶体内部就形成晶体包裹体，如祖母绿晶体内的硅铍石包体。

3. 坩埚金属材料包体

坩埚被融蚀并包裹到晶体中，典型的是六方片状的铂金晶片。

4. 种 晶

助熔剂法加种晶生长时，切磨好的宝石中有时可见种晶片残余。

5. 生长条纹

大致平行不规则透镜状的纹理，由组成成分的相对浓度或杂质浓度的周期性变化引起的。

6. 杂质成分

助熔剂法生长的晶体往往含有助熔剂的金属阳离子，如合成祖母绿晶体中含有Mo和V，合成红宝石含有Pb、B等。

三、水热法

早在1882年人们就开始了水热法合成晶体的研究，最早获得成功的是合成水晶。

20世纪上叶，由于军工产品的需要，水热法合成水晶投入了大批量的生产。1988年我国有色金属工业总公司广西桂林宝石研究所曾骥良等用水热法合成出质量较好的宝石级祖母绿。

（一）基本原理

水热法是利用高温高压的水溶液使那些在大气条件下不溶或难溶的物质溶解，或反应生成该物质的溶解产物，通过控制高压釜内溶液的温差使产生对流以形成过饱和状态而析出生长晶体的方法。

（二）合成装置

水热法合成宝石采用的主要装置为高压釜，在高压釜内悬挂种晶，并充填矿化剂。

由于内部要装酸、碱性的强腐蚀性溶液，当温度和压力较高时，在高压釜内要装有耐腐蚀的贵金属内衬，如铂金或黄金内衬，以防矿化剂与釜体材料发生反应。

其中碱金属的卤化物及氢氧化物是最为有效且广泛应用的矿化剂。矿化剂的化学性质和浓度影响物质在其中的溶解度与生长速率。

水热法合成出质量较好的宝石级祖母绿和合成水晶。目前，合成祖母绿的国家主要有：澳大利亚、美国、中国桂林。

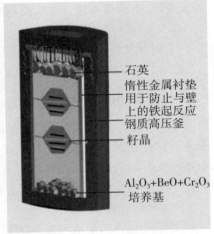

石英
惰性金属衬垫
用于防止与壁上的铁起反应
钢质高压釜
籽晶
$Al_2O_3+BeO+Cr_2O_3$
培养基

图10-3　水热法合成祖母绿装置

原料：氧化铬、氧化铝和氧化铍粉末的烧结块，水晶碎块做为二氧化硅的来源。

水热法合成祖母绿的基本过程是：石英碎块用铂金网桶挂于高压釜顶部，氧化铬、氧化铝和氧化铍烧结块放在高压釜底部，高压釜内充填矿化剂。电炉在高压釜的底部加热，溶解的原料在溶液中对流扩散，相遇并发生反应，形成祖母绿溶液。当祖母绿溶液达到过饱和时，便在种晶上析出结晶成祖母绿晶体。

水热法的特点：

（1）合成的晶体具有晶面，热应力较小，内部缺陷少。其包裹体与天然宝石的十分相近；

（2）密闭的容器中进行，无法观察生长过程，不直观；

（3）设备要求高（耐高温高压的钢材，耐腐蚀的内衬）、技术难度大（温压控制严格）、成本高；

（4）安全性能差。

（三）主要鉴定特征

（1）特征性包裹体有来自坩埚的贵金属的包体，如铂金片或枝；

（2）钉状包裹体和硅铍石晶体包体；

（3）合成水晶中常见面包渣状包裹体：面包渣状包裹体实际是锥辉石的细小锥晶；

（4）合成祖母绿常显示锯齿状纹理、波状纹理等；

（5）表面增生裂纹。

四、其他合成方法

（一）提拉法

提拉法又称丘克拉斯基法，是丘克拉斯基在1917年发明的从熔体中提拉生长高质量单晶的方法。

提拉法是将构成晶体的原料放在坩埚中加热熔化，在熔体表面接种晶提拉熔体，在受控条件下，使种晶和熔体的交界面上不断进行原子或分子的重新排列，随降温逐渐凝固而生长出单晶体。

提拉法主要合成红宝石、人造钇铝榴石。由于提拉和旋转作用，会产生弯曲的弧形生长纹，偶尔可见未熔化的原料粉末。

（二）冷坩埚法

冷坩埚法是生产合成立方氧化锆晶体的方法。

由于合成立方氧化锆晶体良好的物理性质，无色的合成立方氧化锆迅速而成功地取代了其他的钻石仿制品，成为了天然钻石良好的代用品。合成立方氧化锆易于掺杂着色，可获得各种颜色鲜艳的晶体，因此受到了宝石商和消费者的欢迎。

冷坩埚法是一种从熔体中生长晶体的技术，晶体生长不是在高熔点金属材料的坩埚中进行的，而是直接用原料本身作坩埚，使其内部熔化，外部则装有冷却装置，从而使表层未熔化，形成一层未熔壳，起到坩埚的作用。内部已熔化的晶体材料，依靠坩埚下降脱离加热区，熔体温度逐渐下降并结晶长大。

目前，冷坩埚法宝石只有合成立方氧化锆一种。①生长特征：冷坩埚法采用自发结晶的生长方式，所以没有特别的生长结构。合成立方氧化锆晶体的生长过程中没有晶体的旋转，也没有弧形生长纹。②包裹体：不使用金属坩埚，因此合成立方氧化锆晶体中不含金属固体包体。个别情况含有未完全熔化的面包屑状的氧化锆粉末和因冷却速度过快而产生气体包体。

（三）钻石合成方法

合成钻石的方法主要分静压法、动压法和低压法。

合成工业用钻石主要采用静压法中的静压触媒法，通过液压机产生$4500 \sim 9000 \times 10^9 Pa$的压力，以电流加热到$1000 \sim 2000 ℃$的高温，利用金属触媒实现石墨向钻石的转化。

宝石级合成钻石也是采用的静压法，但加入了种晶，所以又称为晶种触媒法。此法采用了金属触媒来促进石墨向钻石的转化。

原料：通常选用天然或合成的钻石粉，石墨及石墨与钻石的混合物作为碳源。金属触媒：一般用的是铁镍合金。

合成钻石大部分为黄—褐色，白色的很少。晶体形态主要为立方体与八面体的聚形。合成钻石可显示树枝状、漏砂状或交切状纹理，接种面上粗糙不平。内部可见籽晶、籽晶幻影区、各种形态的金属包裹体（针状、片状、针点状等尤其围绕种晶周围）。

合成钻石无特征的415.5nm吸收线，在液氮低温下还可测得658nm吸收峰，500nm以下全吸收。大多数天然钻石显示415.5nm的特征吸收线。

合成钻石在长波紫外下通常无荧光，短波下常有黄色、绿黄色、橙黄色的荧光。而天然钻石在长波紫外下通常有较强的荧光，多为蓝白色，短波下相对较弱或为惰性近无色的合成钻石在短波下有明显的磷光，天然钻石无磷光。

五、常见合成宝石品种

（一）合成莫依桑石（合成碳化硅）

合成莫依桑石是一种合成的α-碳化硅单晶材料。天然的碳化硅是1904年最先由莫依桑发现于亚利桑那的陨石中，自然界极为稀少。

利用气相升华法生长出大颗粒的莫依桑石。因为其可以与钻石相近的导热性、硬度及光学性质，被广泛的用作钻石的仿制品。

合成莫依桑石的宝石学性质：

（1）化学成分：SiC；

（2）晶系：六方晶系；

（3）折射率：2.65~2.69，双折射率：0.042；台面通常都垂直C轴，刻面棱重影明显，一轴晶，正光性；相对密度：3.22；金刚光泽、透明；

（4）颜色：较黄，通常带黄绿色色调；包裹体：常含平行的针状包体；导热性很好，与钻石相近。色散：0.104，强。

其明显的刻面棱重影、大量的定向的针状包体和极高的色散使它十分容易在10倍放大镜下就可以与钻石区分开。

（二）合成立方氧化锆

（1）化学成分：ZrO。

（2）晶系：等轴晶系。

（3）硬度：8~8.5。密度：5.6~6.0g/cm³。断口：贝壳状断口。折射率：2.15~2.18，略低于钻石（2.417）。色散：0.060~0.065，略高于钻石（0.044）。光泽：亚金刚—金刚光泽。多数晶体在长波紫外线照射下发出黄橙色荧光，在短波下发出黄色荧光。

（4）化学性质：非常稳定，耐酸、耐碱、抗化学腐蚀性良好。

（三）钛酸锶

钛酸锶利用焰熔法生产出来。

化学成分：$SrTiO_3$；等轴晶系；光泽：亚金刚—金刚光泽；透明度：透明；颜色：无色为主，偶见红、黄、蓝、褐色材料；硬度：5.5~6；比重：5.13；断口：贝壳状；折射率：2.41，单折射；色散：0.19，极强；内含物：气泡。

钛酸锶作为仿钻材料，极易识别。钛酸锶极强的火彩使它明显不同于钻石。

（四）人造钇铝榴石

成分：$Y_3Al_5O_{12}$；晶系：等轴晶系；密度：$4.58g/cm^3$；摩氏硬度：8~8.5；折射率：1.83；色散：0.028；内含物：弯曲生长纹和拉长气泡。

第三节　宝石的优化处理

一、优化处理的概念

1. 优化处理

除切磨和抛光外，用于改善或改变珠宝玉石的外观（颜色、净度或特殊现象）、耐久性或可用性的所有方法。包括热处理、漂白、浸蜡、浸油、染色处理、充填处理、浸蜡、辐照处理、激光钻孔、覆膜处理、表面扩散处理等等。

目的是改善天然宝石或用较廉价的材料仿制更有价值的宝石外观，提高宝石的商业价值。分为优化和处理两类。

2. 优　化

传统的被人们广泛接受的，使珠宝玉石潜在的美显示出来的优化处理方法。主要有热处理、漂白、浸蜡、浸无色油、染色处理（除碧玉外的玉髓、玛瑙类）。在定名时可直接使用珠宝玉石名称；珠宝玉石鉴定证书中可不附注说明。

通常解释这些处理工艺为优化类型的理由有：

（1）自然过程的延续，比如加热作用在自然的地质过程中就可能发生。

（2）被珠宝行业公认的传统工艺，比如玉石的上蜡和玛瑙的染色。

3. 处　理

非传统的，尚未被人们接受的优化处理方法。包括浸有色油，充填处理（玻璃充填、塑料充填或其他聚合物等硬质材料充填），浸蜡（绿松石），染色处理、辐照处理、激光钻孔、覆膜处理、表面扩散处理。命名时在所对应珠宝玉石名称后加括号并注明"处理"二字。如"蓝宝石（处理）"。在珠宝玉石鉴定证书中还需加以附注说明描述具体处理方法，如："备注：表面扩散处理"。

处理改善了宝石的颜色、净度、亮度、光学效果、耐久性和增加宝石的重量等，但是宝石经过这些工艺处理后，发生了外来物质的加入、形成的特性不稳定、产生了放射性等。

4. 优化处理的基本工艺要求

（1）提高宝石外观的美丽程度。

（2）提高宝石的耐久性，或者没有影响宝石的耐久性。

（3）不产生对人体有害的各种作用。

二、宝石的优化处理方法

（一）表面处理

1. 定　义

利用涂层、镀层、背衬、刻划条纹等方式使宝石改变颜色、增强反光亮度和产生光学效应。

由于涂层的厚度有限、硬度较低、化学稳定性较差，容易在使用过程中磨蚀，被视为一种具有欺骗性的处理方法。

2. 常用类型

（1）箔衬：在宝石的背面贴上高反光的薄膜、彩色薄膜以改变宝石的亮度和颜色。

（2）涂色：在宝石的亭部涂上颜色，如把淡黄色钻石涂上淡蓝色，使钻石更加显白色。

（3）刻划条痕：在弧面型透明宝石的底部划条痕以产生猫眼或者星光效应。

（4）涂层和镀层：在宝石的表面涂上彩色的胶质层增强色彩，例如涂膜翡翠。在宝石的表面用真空镀膜的工艺镀上一层彩色膜增强色彩，或者提高光泽。例如托帕石表面的镀膜。

3. 鉴别特征

（1）宝石镶嵌的方式：采取封闭式镶嵌。

（2）观察宝石亭部刻面：在反射光条件下观察宝石亭部刻面的表面，可见到外来物质、特殊色彩或刻划痕。

（3）涂层的性质：涂膜处理的膜层可能具有不同于宝石的物理性质、硬度较低、容易脱落等。

（4）镀层的晕彩：用真空镀膜工艺的膜层常常具有干涉形成的晕彩。

（二）热处理

1. 定义

利用加热使宝石的颜色、透明度、光学效应等得以改善，在加热过程中没有外来物质（除氧和氢元素外）的加入，也没有宝石物质的流失。

2. 原理是将宝石放入高温下加热

通过改变宝石中致色离子的价态，含量以及内部结构等，从而改善宝石的颜色或透明度等。

如蓝宝石的改色：$Fe^{3+}+Ti^{4+} \rightarrow Fe^{2+}+Ti^{4+}$ —— 产生蓝色。

致色离子含量和价态的转变可以改善宝石的颜色，宝石内部包裹体溶解可以提高透明度，固溶体的出溶可以产生特殊的光学效应等。

图10-4 热处理蓝宝石（彩图148）

3. 热处理宝石的主要鉴别特征

（1）中低温的热处理往往没有明显的鉴别特征，热处理的琥珀常有被称为太阳光芒的圆盘状裂隙。

（2）高温、超高温处理的鉴别特征有：

①气液包裹体破裂

指纹状包裹体经加热处理后原来孤立的气液包体破裂，形成连通的、弯曲的、同心状的包裹体，像很长的卷曲地散布在地上的水管，称为水管状愈合裂隙。

②固体包体的溶蚀

固体包裹体被熔蚀，低熔点的形成圆形或者椭圆形的由玻璃与气泡组成的二相包裹；高熔点的晶体包体则形成浑圆毛玻璃状或表面麻坑状的形态。

③热处理应力晕

当晶体包体因加热发生熔融或分解作用时，还可能诱发应力裂隙或者改造原生已存在的应力裂隙，常见现象有：

a. 雪球：晶体包体完全熔化形成白色的球体或者圆盘，并在周围形成应力裂隙。

b. 穗边裂隙：如果晶体包体完全或部分熔化后，熔体溢入裂隙，形成环绕晶体分布的熔滴环，或者充填到裂的其他位置，熔体的溢出还可能在熔化的晶体周围形成强对比度的空穴。

c. 环礁裂隙：晶体包体没有熔化，但形成了带有环礁状边沿的应力裂隙，也是热处理红、蓝宝石中可见的现象，这种裂隙也称为环边裂隙。

热处理属于优化类型的处理，常见的宝石热处理实例和宝石经热处理产生改善的原因总结在下表10-2中：

表10-2

实　例	机　理
琥珀和象牙的老化，颜色变暗	氧化
杂色锆石→无色或者浅蓝色锆石	氧化或者还原
烟晶→绿黄水晶和水晶，紫晶→黄水晶	改变色心和消除色心
肉红玉髓消除橙褐色，增进红色	氧化作用$2FeOOH \rightarrow Fe_2O_3+H_2O$
红宝石消除紫色调	Fe^{2+}氧化为Fe^{3+}
黄绿色蓝宝石→蓝海蓝宝石	Fe^{3+}还原为Fe^{2+}
低型锆石→高锆	恢复晶态
刚玉产生或消除丝光、星光	促使出溶或溶解作用的发生

　　热处理方法产生的效果一般很稳定，热处理宝石一般难以识别，因此被广泛应用。

　　热处理的宝石在其小面和腰棱处可见到麻点小凹坑；宝石中的液态包裹体在热处理时发生膨胀，其周围有胀裂现象；固态包裹体边缘有熔融现象。

（三）表面扩散处理

　　一般用于改善或产生刚玉的颜色或星光效应。其原理是通过加热使杂质元素进入刚玉的表面从而使宝石表面着色或在表面形成定向的金红石针状包体。

　　如：蓝宝石的扩散处理

　　扩散元素：Fe+Ti。

　　扩散条件：温度1800℃；时间24小时。

　　扩散层厚度：0.1~0.25mm。

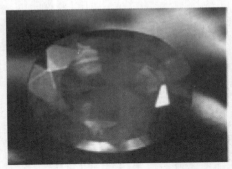

图10-5　表面扩散处理蓝宝石（彩图149）

　　这种扩散处理的蓝宝石在泰国是进行批量生产，也称"美国蓝宝"，在中国称"泰国蓝宝"。

　　扩散处理宝石的鉴别特征：

　　（1）颜色分布：颜色仅在宝石的表层，形成与宝石琢形相关的色带。

　　（2）表面特征：热处理的表面痕迹，如麻点，再抛光形成多面腰棱等。

　　（3）颜色浓集在宝石的裂隙、腰棱和面棱上。

　　（4）固体包裹体熔蚀等高温热处理的特征。

（四）漂白处理

1. 定　义

利用化学试剂除去有机宝石和部分无机宝石的杂色色调。

2. 常见类型

（1）氧化漂白：主要用双氧水为主的氧化剂，在紫外光的作用下，漂白珍珠、象牙等由于有机质引起的杂色调，使之成为纯白色。

（2）酸洗漂白：主要用稀盐酸等对硅化木等材料除去表面的杂色。

3. 鉴定特征

很难发现漂白处理的痕迹。

（五）染色处理

染色处理是用化学药剂对宝石进行处理，使无色或颜色过淡的宝石染上鲜艳的颜色。

一般有孔隙和裂隙的宝石才能进行染色处理。石英岩、大理岩、翡翠、软玉、绿松石、玉髓、玛瑙、珍珠、珊瑚等玉石常进行染色处理。我国国标规定，染色处理的宝石除了玉髓、玛瑙外都需要公开。

染色处理的宝石有以下鉴别标志：

（1）颜色过于浓艳，颜色分布在粒间或裂隙中；

（2）擦拭实验；

可用棉球蘸些稀硝酸（2%）在珍珠不显眼的地方进行试擦，染色的黑珍珠会使棉球呈黑色；

（3）染色宝石的吸收光谱与天然品不同；

（4）紫外光下，染色宝石与天然品可能有差别；

（5）在查尔斯滤色镜下，染色宝石与天然品有时有差异；

（六）辐射处理

辐射处理是用高能粒子束（电子束、紫外线、X射线、γ射线）照射宝石，使宝石的颜色发生改变。

辐照处理是最新的宝石改色技术，已广泛应用于水晶、托帕石、钻石、绿柱石、尖晶石、蓝宝石等宝石的改色。

辐照处理改色通常很难鉴定，需要用到针对性的研究型仪器，主要的特征有：

（1）颜色的不稳定性：经阳光曝晒或加热发生褪色。

（2）颜色分布的不均匀性：色带分布与宝石形态相关。

（3）残余放射性：利用高灵敏的闪烁计数器可测得。

（4）碎裂：局部产生的高温可能使宝石碎裂，例如辐照处理的珍珠常有表层的小裂隙。

（5）宝石的吸收光谱：辐照处理的宝石，尤其是钻石，与天然彩色钻石具有不同的成色机制，常有741nm的吸收峰、595nm等天然彩色钻石没有的吸收峰。

（七）充填处理

1. 定 义

利用宝石存在的孔隙或裂隙，填充无色的物质，以达到增加宝石的稳定性、隐去裂隙、提高透明度、提高机械强度和增加光泽等目的。

2. 充填处理的类型

（1）稳定化处理

①上蜡和浸蜡处理，如防止绿松石失水、防止染色青金的染料溶解，这一处理往往列为优化类型。

②注塑处理，主要用于多孔而疏松的宝石，如绿松石、多孔欧泊和其他因疏松而加工工艺性能不好的宝石材料。

（2）隐蔽裂隙

宝石和玉石中微小裂隙常见，俗话说"十宝九裂"，裂隙和微孔隙会降低宝石的外观质量。主要的处理方法有：

①浸泡无色油：可以起到隐蔽裂隙，提高透明度的作用。油的缺点是易挥发，还易留下黄色残迹，浸无色油列为优化类型。

②注入树脂：可以起到隐蔽裂隙，提高透明度的作用，并且树脂不易挥发，折光率也比油高，但时间久远会老化变黄。用树脂处理的有祖母绿、翡翠等，属于处理的类型。

③充填无色玻璃：主要填充开放性的裂隙与凹坑，提高宝石的透明度和表观净度。如：钻石和红宝石的玻璃填充。

3. 鉴别特征

（1）热针测试：热针下充油和蜡的宝石会出汗，充树脂的有异味。但是热针测试具有破坏性，要谨慎使用。

（2）裂隙的闪光：各种裂隙充填处理的宝石常有闪光效应。

（3）光泽差异：玻璃充填红宝石的表面常常能看到光泽较低的玻璃充填区域。

（4）外来成分：红宝石中的硅酸盐成分、祖母绿中的有机成分和钻石中的铅元素都指示经过了充填处理。

（八）激光打孔处理

某些高档宝石有时其内部含有较大的深色矿物包裹体，用很细的激光束钻一通达包裹体的细孔，并将包裹体溶解掉，这种方法就称作激光处理。

常被用于钻石的优化处理。激光处理宝石的表面和内部留有钻孔的痕迹，放大镜和宝石显微镜下容易观察到此痕迹。

图10-6　激光钻孔处理（彩图150）

（九）拼合处理

1. 定　义

常为了利用宝石原料，宝石由两个或更多的部分组成，使宝石的体积和重量增大、增强光泽、甚至改变宝石的颜色。

2. 鉴别特征

（1）层状构造：在白背景下从侧面观察，用油浸法效果最好。

（2）胶结面：明显的接合面，以及面状分布的气泡。

（3）冠部和亭部的差异：各部分的包体、颜色、光泽、折射率等均可能不相同。

（4）用红色石榴石为顶的拼合石常有红环效应。

（5）宝石腰围封闭式的镶嵌也是值得警惕的特征。

三、中国国家标准GB/T16552-2003

我国于1996年正式施行宝石名称的国家标准，2002年对原标准作了一定的修改，并于2003年5月正式实施。在标准中对优化处理作了规定，特别是明确了优化处理宝石的命名的规则，介绍如下：

1. 优化的珠宝玉石定名

（1）直接使用珠宝玉石名称；

（2）珠宝玉石鉴定证书中可不附注说明。

2. 处理的珠宝玉石定名

（1）在所对应珠宝玉石名称后加括号注明"处理"二字或注明处理方法，如："蓝宝石（处理）"、"蓝宝石（扩散）"、"翡翠（处理）"、"翡翠（漂白、充填）"；也可在所对应珠宝玉石名称前描述具体处理方法，如："扩散蓝宝石"、"漂白、充填翡翠"。

（2）在珠宝玉石鉴定证书中必须描述具体处理方法。

（3）在目前一般鉴定技术条件下，如不能确定是否经处理时，在珠宝玉石名称中可不予表示，但必须加以附注说明且采用下列描述方式，如："未能确定是否经过×××处理"或"可能经过×××处理"，如："托帕石，备注：未能确定是否经过辐照处理"，或"托帕石，备注：可能经过辐照处理"。

（4）经处理的人工宝石可直接使用人工宝石基本名称定名。

表10-3　　　　　　　　　常见宝石的优化处理方法

基本名称	优化处理方法	优化处理类别
钻 石	激光钻孔	处 理
	覆 膜	处 理
	充 填	处 理
	辐照（附热处理）	处 理
	高温高压处理	处 理
红宝石	热处理	优 化
	浸有色油	处 理
	染 色	处 理
	充 填	处 理
	扩 散	处 理
蓝宝石	热处理	优 化
	扩 散	处 理
	辐 照	处 理
祖母绿	浸无色油	优 化
	浸有色油	处 理
	聚合物充填	处 理
翡 翠	漂白、浸蜡	处 理
	漂白、充填	处 理
	热处理	优 化
	覆 膜	处 理
	染 色	处 理
托帕石	热处理	优 化
	辐 照	处 理
	扩 散	处 理
玉髓（玛瑙）	热处理	优 化
	染 色	优 化

表10-4　　　　　　　　　　常见有机宝石的优化处理方法

基本名称	优化处理方法	优化处理类别
养殖珍珠（珍珠）	漂　白	优　化
	染　色	处　理
	辐　照	处　理
珊　瑚	漂　白	优　化
	浸　蜡	优　化
	充　填	处　理
	染　色	处　理
琥　珀	热处理	优　化
	染　色	处　理
象　牙	漂　白	优　化
	浸　蜡	优　化
	染　色	处　理

第十一章 珠宝市场商贸信息

第一节 珠宝市场特点及受控因素

（1）中国珠宝首饰市场发展快，是因为初期的高利润促使千军万马搞珠宝，开珠宝店。一方面对珠宝业的发展是一个大的促进，大的普及；另一方面，千店一面，没有区别，没有特点。品牌之间、企业之间没有太大的变化，我们缺的也可以说是我们没有来得及学习的是品牌定位的差异性，企业定位的差异性。所以说，中国珠宝首饰业发展快、但缺乏特点和特色，同质化趋势严重。

（2）国内珠宝首饰制造水平有待提高。在选料、加工、设计等方面，相关人员需要经验、制作技巧以及文化底蕴等多方面的积累。要不断提高我们的设计、制作能力，完善我们的加工工艺。在学习国外的技术、工艺、设计的同时，还要挖掘出本民族的产品，生产出具有民族特色的产品、艺术品、高档珠宝消费品。

（3）市场竞争还处于低层次的价格竞争，制约了行业的整体发展。乱打折，个别以次充好，以假充真等现象时有发生，极大损害了珠宝首饰行业形象，行业自律任重道远。

第二节 世界宝玉石资源分布及首饰市场

宝玉石作为一种珍贵的资源，分布是极不均匀的。世界宝玉石资源主要分布在南部非洲、东南亚、俄罗斯、澳大利亚和南美洲的某些特定地区，有些宝玉石品种甚至集中在某一个国家或地区内，如南部非洲的钻石、东南亚的红蓝宝石、缅甸的翡翠和澳大利亚的欧泊，大多数中低档宝玉石分布较为广泛。下面介绍几种主要宝玉石的资源分布情况。

一、宝石类

（一）钻 石

目前，世界上已有30多个国家拥有钻石资源，其中7个为主要钻石产出国，包括博茨瓦纳、俄罗斯、南非、安哥拉、纳米比亚、澳大利亚和扎伊尔（按钻石产值排序，排名经常随时间发生改变），它们的钻石产出量占世界总产量的80%以上。另外，巴西、圭亚那、委内瑞拉、几内亚、塞拉利昂、科特迪瓦、加纳、中非共和国、津巴布韦、坦桑尼亚、加拿大、中国、印度尼西亚和印度等国也开采钻石。

（二）红宝石和蓝宝石

1. 红宝石

东南亚是世界上优质红宝石的重要产地，优质鸽血红宝石就产于缅甸抹谷（Mogok），该区砂矿面积达400km²，年产量为$4\sim15\times10^4$ct。1992年缅甸掸邦孟素（Mongshu）地区又发现了大量红宝石。近年来，泰国的红宝石产量不断上升，占世界红宝石产量的一半以上；阿富汗的哲格大列克、坦桑尼亚的莫若哥拉（Morogora）地区、俄罗斯的帕米尔和巴基斯坦北部的罕萨也有红宝石产出，但产量不大。20世纪90年代以来，越南也成为红宝石的重要产地，越南北部安沛省罗延（Luc Yen）发现多处红宝石矿床。中国的红宝石产量极少，仅见于海南文兴县蓝宝石矿中。

2. 蓝宝石

世界上蓝宝石主要产地为澳大利亚、泰国、缅甸、斯里兰卡、柬埔寨和中国。澳大利亚的蓝宝石产量大，占世界蓝宝石产量的一半以上，最大的蓝宝石矿为昆士兰州的安纳基（Anakie）矿床。另外，近年在新南威尔士州也发现有蓝宝石。缅甸的蓝宝石产于抹谷和孟素（Mongshu）地区。印度的克什米尔蓝宝石品质极优，但产量极小。

中国自20世纪80年代以来，在海南、福建、安徽、江苏、山东、黑龙江等省相继发现了蓝宝石，其中以山东昌乐蓝宝石储量较大，质量较好，但颜色深。

（三）绿柱石类宝石

1. 祖母绿

祖母绿的主要产地是哥伦比亚、津巴布韦和俄罗斯，次要产出国有印度、南非、巴西、巴基斯坦和赞比亚等。哥伦比亚的祖母绿在世界上久负盛名，其祖母绿产量大，质量好，矿床位于哥伦比亚境内的东安第斯山脉东侧的木佐（Muzo）、科斯凯斯、契沃尔（Chivor）、圣胡安之地和布联纳维斯5个地区，其中木佐和契沃尔是世界著名的优质祖母绿所在地。津巴布韦自1956年以来，陆续发现了一些大型祖母绿矿床，如桑达瓦纳、穆斯塔德、诺维络—克薮母斯、斯克旺达等，产量较大，但优质祖母绿仅占5%；印度阿吉玛（Ajmer）产出的祖母绿一般质量较差，南非北德兰土瓦科（Cobra）所产祖母绿晶体虽小，但质量高；中国云南滇东南地区也发现质量较差的祖母绿矿。

2. 海蓝宝石

世界优质海蓝宝石主要来自巴西，其年产量约占世界海蓝宝石产量的70%，目前世界上最大的海蓝宝石晶体（质量110.5kg）就产自巴西。美国、俄罗斯、马达加斯加和印度也是海蓝宝石生产国，其中马达加斯加海蓝宝石的产地不少于50处。近年，莫桑比克产出了大量高品质、大颗粒的海蓝宝石。中国新疆、内蒙古、云南等均发现海蓝宝石，但颜色浅，质量一般。

3. 其他绿柱石

其他绿柱石主要产于巴西、马达加斯加、美国、加拿大、俄罗斯和墨西哥等国。

（四）金绿宝石

猫眼石的传统产地是斯里兰卡，而且优质猫眼石多来自斯里兰卡，变石最早是在俄罗斯的乌拉尔发现的，但目前，大部分猫眼石和变石产自巴西米纳斯吉拉斯。另外，马达加斯加、津巴布韦、印度、赞比亚、缅甸均有金绿宝石产出。

（五）欧　泊

澳大利亚是世界上署名的"欧泊王国"，其年产量约占世界总产量的90％以上，主要集中在库伯佩迪和明塔比地区。世界上最优质的黑欧泊产于澳大利亚新南威尔士的闪电岭，澳大利亚南部的安达穆卡以产白欧泊为主。巴西北部的皮澳伊州出产优质的欧泊，且产量丰富。另外，美国、墨西哥、加拿大也有欧泊产出，但产量不大。

（六）其他中低档宝石品种

1. 橄榄石

主要产于美国的亚利桑那州、中国的河北和吉林、埃塞俄比亚，其次产于俄罗斯、巴西、澳大利亚、肯尼亚。

2. 碧　玺

主要产于美国，其次产于俄罗斯、巴西、马达加斯加、中国、斯里兰卡。

托帕石（黄玉）：主要产于巴西和斯里兰卡，其次产于中国、美国、英国、缅甸、澳大利亚。

3. 尖晶石

主要产于缅甸、斯里兰卡、柬埔寨利泰国。

4. 石榴石

世界各国均有产出，但主要产于马达加斯加、巴西、斯里兰卡、印度、美国、南非、坦桑尼亚、肯尼亚、中国。

5. 水　晶

主要产于巴西、乌拉圭、俄罗斯、中国、印度、马达加斯加、美国、墨西哥。

6. 月光石

世界优质月光石主要来自缅甸。

7. 日光石

主要产于墨西哥、美国、挪威和俄罗斯。

8. 拉长石

主要产于马达加斯加、苏丹和俄罗斯。

9. 锆　石

主要产于缅甸、斯里兰卡、中国和柬埔寨。

10. 绿松石

主要产于伊朗、智利、美国和中国，其次为澳大利亚、墨西哥、秘鲁、俄罗斯。

11. 青金石

主要产于阿富汗、俄罗斯和智利。

二、玉石类

（一）闪石类玉（软玉）

闪石类玉在世界上分布广泛，中国、加拿大、新西兰、西伯利亚、美国等地均有产出。其中新疆以中国闪石类玉之乡而驰名全球，以"和田玉"和"天山碧玉"为著名品种。中国台湾闪石类玉产于台湾省东部山区花莲县寿丰乡，四川汶川地区所产闪石类玉，在该地区称为"龙溪玉"。矿物成分以透闪石单矿物集合体为主，含少量的伊利石、绿泥石、石榴石和榍石，但产量低。

加拿大闪石类玉矿床主要产在科迪勒拉山脉，最著名的闪石类玉产在不列颠哥伦比亚省境内，沿着中部的大断裂和蛇蚊岩带展布。

新西兰产闪石类玉大部分来自南岛的奥塔戈区、西部区和坎持伯里区的冲积矿床中。

（二）翡　翠

世界优质翡翠几乎全部产于缅甸北部乌由河流域亲敦江支流。原生翡翠矿床位于乌由河上游干昔山地区，主要产地杂摩、缅摩、马萨、凯苏、散卡、龙坑等；

产于残坡积层的新坑种翡翠矿床主要分布于龙塘一带；而产于第四纪砾岩中的翡翠矿床出现在会卡、大谷地、帕岗、木邦、次通卡、香拱、南其等地，大都沿乌由河岸分布，一般质量好，为老厂玉。

（三）岫　玉

岫玉主要矿物成分为叶蛇纹石和纤维蛇纹石，脉石矿物有白云石、方解石、透闪石、橄榄石等。以中国辽宁岫岩县岫玉为代表。

（四）其他玉石品种

独山玉：有南阳弱翠之称，因产于中国河南南阳市北8千米处的独山而得名，简称独玉，又名南阳玉。独山位于河南南阳盆地北缘，地处秦岭纬向构造带南部亚带与新华夏联合复合部位。独山玉矿属于高中温热液矿床，为岩浆期后热液子岩体破碎带中的多期、多阶段充填及交代作用而形成。

酒泉玉：亦称"祁连玉"，是一种合黑色斑点和不规则黑色团块的暗绿色致密块状蛇纹石，产于蛇纹石化超基性岩中，主要产地在中国甘肃酒泉。

南方玉：亦称"信宜玉"，为一种暗绿色、绿色的致密块状蛇纹石，产地在中国广东信宜泗流。

威廉玉：一种含铬铁矿、水镁石、镍蛇纹石集合体，其中以美国宾夕法尼亚州为代表。

蛇纹石猫眼石：一种具有纤维构造的蛇纹石，纤维平行分布并有丝绢光泽，因主要产地在美国的加利福尼亚州，故又名"加利福尼亚虎晴石"。

第三节　中国宝玉石资源与市场信息

中国宝玉石资源丰富，开发利用的历史悠久，宝玉石资源种类多样，储量丰富，分布广泛。到目前为止，已发现各种宝玉石资源330余种，其中宝石51种，玉石121种，有机宝石12种，观赏石122种，砚石26种等，共发现宝玉石矿产地（不含珍珠和古生物化石）6000多处，其中水晶产地约3600处。

各类宝石、玉石、有机宝石、观赏石、砚石等在全国分布不均，本文将就各类珠宝玉石资源在我国的分布作一简单概述，以帮助读者了解我国珠宝玉石资源的分布情况。

一、名贵宝石

我国已发现的名贵宝石：钻石、红宝石、蓝宝石、星光蓝宝石、祖母绿和金绿宝石。

1.钻　石

主要产于辽宁、山东、湖南三省。辽宁钻石储量大、质量优。江苏及其他共10多个省（区）达到宝石级的金刚石产量少、规模小，未规模化开采。

2.红宝石

主要产于海南、新疆、青海、黑龙江、云南、江苏、安徽等省区。海南红宝石已规模化开发利用；新疆红宝石部分易采选，经济价值较高；青海的红宝石因资源未全部查清而停采；黑龙江的红宝石质量欠佳，仅零星开采；云南的红宝石质优者不多，但颜色很好；江苏、安徽等红宝石仅有零星发现。

3.蓝宝石

主要产于山东、海南、福建、江苏四省，它们号称中国四大蓝宝石产地。江苏蓝宝石虽储量大，但富矿不多，至今尚未规模化开采，其他三省现已规模化开发利用，其中山东产的蓝宝石开采规模最大。福建、新疆、江西产出的蓝宝石，有的具星光效应。

4.祖母绿

已发现产于云南、黑龙江、青海三省。

5.金绿宝石

在四川、云南、内蒙有产出，黑龙江、福建、湖南为矿化点。

二、一般宝石

1.绿柱石

产于云南、内蒙等20余个省（区），其中新疆绿柱石品种较全。

2.黄玉（托帕石）

主要产于云南、广西、湖南、四川等省（区）。常见的为无色和黄色两种，属中档宝石。

3. 碧　玺

产于新疆、内蒙、云南、四川、西藏等省（区）。常见的为黑色和绿色两种。

4. 石榴石

产于江苏、广东五华、新疆、陕西等。有镁铝榴石、锰铝榴石、钙铝榴石、钙铁榴石、铁铝榴石等。多数以紫红色为基调，也有黄、绿色系列的，属中低档宝石。

5. 锆　石

云南产的锆石与蓝宝石，尖晶石共生，呈褐色，少量为粉红色，大多达不到宝石级；海南产的锆石以红色为主色调，加工出来的成品鲜艳美丽，但多数含有包体、裂纹，影响了质量；其他10余个省（区）虽均有锆石发现，但多未开发利用。

6. 橄榄石

主要产于河北、吉林、云南。

7. 辉　石

主要产于河北、吉林、四川、新疆、内蒙古等。主要有普通辉石和锂辉石两种。河北产的普通辉石已开发利用。吉林产的普通辉石虽尚未开发利用，但很有潜力。四川产的锂辉石资源丰富，有广阔的开发前景。新疆产的锂辉石，有的具猫眼效应。内蒙等几省（区）也有辉石发现。

8. 水　晶

主要产于江苏、海南、吉林、青海、广东、福建、西藏、新疆及其他省（区），其中以江苏为最，年产量为全国的半数，江苏东海素有"水晶之乡"的美誉。水晶一般为无色、紫色，少数为茶、烟、墨、黄等色，红色和绿色罕见。珍贵水晶品种有发晶、鬃晶、景观水晶、水胆水晶等。

9. 芙蓉石

主要产于新疆、内蒙、河南、江西、湖南、云南、青海等地，属石英质低档宝石，呈粉红色。新疆产的星光芙蓉石，颇受欢迎。

三、少见宝石

磷灰石：主要产于安徽、新疆。

石英猫眼石：产于贵州省罗甸，是新发现的品种。

绿帘石：主要产于陕西、安徽。

透辉石：主要产于新疆，颜色鲜艳，透明度好；其稀有品种方柱石具猫眼效应，是较珍贵的品种。

红柱石：主要产于河南。

金红石：主要产于安徽。

锡石、白（黑）钨矿均主要产于江西。

天青石、鱼眼石在自然界中稀少、罕见，是一种珍贵的宝石。宝石级天青石主要产于江苏，宝石级鱼眼石则产于江苏。

第四节　中国珠宝首饰业的发展现状

　　我国珠宝首饰业起步晚，发展快，在新的经济形势下，如何由"又快又好向又好又快"发展，具有重要意义。改革开放以来，我国珠宝首饰业取得了举世瞩目的快速发展。上个世纪80年代初，业内销额只有1.6亿元，出口额1600多万美元。2006年内销额超过1600亿元，出口额达到68.7亿美元。一些重要珠宝饰品如黄金铂金首饰、钻石加工、人工养殖珍珠、流行饰品以及我国传统的玉石雕饰品，均名列世界前茅。但从又好又快的发展要求，我们比境外先进国家和地区仍有较大差距。如铂金首饰，我国产销居世界第一位，黄金首饰居世界第4位，涌现出像北京"菜百"、上海老凤祥、浙江日月、广东潮宏基、深圳翠绿、粤豪等一批品种款式翻新快，企业知名度和市场占有率高，经济效益好的大型骨干企业。并由国家授予了一批中国名牌产品，中国驰名商标。但不少中小企业，由于融资困难，生产技术基础和产品研发能力差，创作设计落后，形成产品款式品种陈旧，同质化严重。在市场上形成低水平竞争，虚假打折和低价竞争长期得不到遏制。一些企业在市场激烈竞争中发展困难，甚至倒闭。钻石加工业，我国仅次于印度，年加工量在300万克拉左右，我国以加工中小钻见长，被国际同业称为"优钻"，但加工的大部分是形状好的可锯钻，而当前世界钻坯资源，绝大部分是形状不规则的异性钻，以及大型钻，主要是由以色列、比利时等技术先进国家加工的。另外我国钻石加工的成品率低，资源耗量大。我国是淡水养殖珍珠的大国，年产淡水珍珠1500吨，产量占世界95%以上，但贸易额仅占全球的8%。而且一直徘徊不前，在"十五"期间，出口额由4100万美元，增长到14600万美元。而2006年出口额却跌落下来。科学养珠和珍珠加工工艺技术一直解决得不够好。我国是白银生产大国，去年产量居世界第3位，近年来我国白银出口发展较快，2006年出口额16.42亿美元，较上年增长64.07%。但出口的主要是银原料，出口部门统计是这样归类的，但很难说银原料算作珠宝首饰业出口。

　　另外，我国珠宝业出口产品是以加工贸易为主。如2005年我国珠宝业出口54.9亿美元，其中加工贸易出口36.89亿美元，占出口额的67.19%。加工出口贸易属于劳动密集型，扩大加工出口贸易，对我国这样人力资源大国，对安排劳动就业，具有重要作用。而且通过对外加工贸易，对我国加工人员（主要是农民工）生产技术水平的提高，培训队伍也有重要作用。据香港珠宝制造厂商会提供资料，香港近几年在内地加工珠宝首饰产品，对欧美国家出口额一直居于前列，特别是镶嵌饰品具有明显优势。2004年经香港出口到美国的珠宝首饰总额是104.8亿港元，2005年增至127.84亿港元，同比增长22%，占美国市场份额的50.1%。据介绍香港出口珠宝首饰产品60%都是在番禺加工的，但是也应该看到，对外加工贸易是境外来样定做，不利于我国直接了解国外市场；不利于我国自主创新；不利于创建自己的产品品牌；也不利于扩大内需。很明显广州番禺是对外珠宝首饰加工生产基地，在国内珠宝业却没有自己的驰名品牌和国内名牌产品。而且来料加工从经济效益看，只能获取微薄的加工费，更多的产品加工利润被外商赚去了。

　　目前我国珠宝市场的品牌包括外国、香港和中国内地饰品"三分天下"，发挥各自优势，竞争激烈。可喜的是我国近年来创建的品牌不断成熟和提高，在市场竞争中，显示了活力。一些驰名品牌和名牌企业，把传统文化和流行时尚相结合，为婚庆、春节和其他一些重要节日创造和生产了大量系列新品，受到了消费者的欢迎，扩大了销售，有的还走出国门。但是也应看到，我国珠宝饰品在竞争中的不足，一些中小企业，技术基础水平低，新产品研发能力差，生产的品种单调，同质化严重。黄金饰品在销售中以克计价，利润微薄，企业发展困难甚至倒闭。近几年来世界黄金协会开展的K-gold18K金饰和今年开展的"唯有金·纯金精品"推广活动，择优选定设计制造企业和零售单位，消费者认为称得上是精品，产品具有差异化和个性化特征，与按克计价的首饰在做工、款式上相比有较大的进步。据一些定点零售单位反映，去年黄金饰品销量提高15%~30%。当然按克计价的传统也不是一下子可以解决的，但按件计价，如坚持自主创新，保证产品质量的高质化、多样化和个性化，以点到面，是完全可以解决的。

参考文献

1　李娅莉. 宝石学基础教程. 地质出版社，1992

2　张蓓莉. 系统宝石学. 地质出版社，1997

3　赵其强，主编. 宝玉石地质基础. 地质出版社，1999

4　珠宝首饰检验. 中国标准出版社，1999

5　李兆聪. 珠宝首饰肉眼识别法. 地质出版社，1999

6　袁心强. 宝石学课程. 中国地质大学出版社，2004

7　刘瑞. 宝石学基础. 地质出版社，2007

8　陈发文. 翡翠学. 云南科技出版社，2009

附录一　宝石常数表

宝石名称	晶系	光性	折射率	双折射率	相对密度	色散	硬度
火欧泊	非晶质	均质体	1.40	—	2.00	—	6
欧泊	非晶质	均质体	1.45	—	2.10	—	6
黑曜岩	非晶质	均质体	1.50	—	2.3~2.5	—	5
穆尔道玻陨石	非晶质	均质体	1.50	—	2.4	—	5.5
琥珀	非晶质	均质体	1.54	—	1.05~1.10	—	2.5
象牙	非晶质	均质体	1.54	—	1.38~1.42	—	2.5
煤精	非晶质	均质体	1.66	—	1.2~1.35	—	2.5~3.5
萤石	等轴	均质体	1.434		3.18	0.007	4
方纳石	等轴	均质体	1.48		2.28	—	5.6~6
尖晶石（天然）	等轴	均质体	1.712~1.730	—	3.60	0.020	8
尖晶石（合成）	等轴	均质体	1.727	—	3.63	0.020	8
钙铝榴石	等轴	均质体	1.74~1.75	—	3.6~3.7	0.028	7.25
镁铝榴石	等轴	均质体	1.74~1.76	—	3.7~3.8	0.027	7.25
铁铝榴石	等轴	均质体	1.76~1.81	—	3.8~4.2	0.024	7.5
锰铝榴石	等轴	均质体	1.80~1.82	—	4.16	0.027	7
钇铝榴石（人造）	等轴	均质体	1.83	—	4.58	0.028	8.5
钙铬榴石	等轴	均质体	1.87	—	3.77	—	7.5
钙铁榴石	等轴	均质体	1.89	—	3.85	0.057	6.5
钆镓榴石（人造）	等轴	均质体	1.97	—	7.05	0.045	6
立方氧化锆（人造）	等轴	均质体	2.15~2.18	—	5.6~6.0	0.065	8.5
钛酸锶（人造）	等轴	均质体	2.41	—	5.13	0.19	5.5
钻石	等轴	均质体	2.42	—	3.52	0.044	10
石英（水晶）	三方	一轴（+）	1.544~1.553	0.009	2.651	0.013	7
碧玺	三方	一轴（-）	1.62~1.65	0.018	3.01~3.11	0.017	7~7.5
刚玉	三方	一轴（-）	1.76~1.78	0.008	3.99~4.01	0.018	9
橄榄石	斜方	二轴（+）	1.65~1.69	0.036	3.32~3.37	0.020	6.5
黄玉	斜方	二轴（+）	1.61~1.64	0.008-0.010	3.53~3.56	0.014	8
月光石	单斜	二轴（-）	1.52~1.53	0.006	2.56	0.012	6
锆石	四方	一轴（+）	1.93~1.99	0.059	4.68	0.039	7.25
金红石	四方	一轴（+）	2.61~2.90	0.287	4.20~4.30	0.280	6.5
绿柱石	六方	一轴（-）	1.56~1.59	0.004~0.009	2.70~2.90	0.014	7.5
祖母绿（合成）	六方	一轴（-）	1.560~1.567	0.003~0.004	2.65~2.80	0.014	7.5

附录二 主要玉石常数表

宝石名称	晶系	光性	折射率	双折射率	相对密度	色散	硬度
黑耀岩	非晶质	均质体	1.50	—	2.3~2.5	—	6
天河石	三斜	—	1.52~1.53	—	2.56	—	6
玉髓（隐晶质）	三方	—	1.53~1.54	—	2.58~2.64	—	6.5
葡萄石	斜方	二轴（+）	1.616~1.65	0.030	2.88	—	6~6.5
菱锰矿	三方	一轴（-）	1.597~1.817	0.022	3.70	—	3.5~4.5
东陵石	三方	—	1.540~1.550	—	2.63	—	6.5~7
蛇纹岩玉	单斜	—	1.56~1.57	—	2.6	—	5
绿松石	三斜	—	1.62	—	2.40~2.90	—	5.5~6
独山玉	三斜	—	1.56~1.70	—	2.73~3.18	—	6~6.5
软玉	单斜	—	1.62	—	2.95	—	6~6.5
翡翠	单斜	—	1.66	—	3.30~3.36	—	6.5~7
孔雀石	单斜	—	1.85	—	3.40~4	—	4
水钙铝榴石	等轴	均质体	1.70~1.73	—	3.35	—	7.25
青金石	等轴	—	1.50	—	2.5~2.9	—	5~6
水沫玉	单斜	—	1.53~1.535	—	2.65~2.48	—	6
大理岩	三方	一轴（-）	1.48~1.658	—	2.7	—	3